Karfunkelstein und Rosenquarz

UTA KORZENIEWSKI

Karfunkelstein und Rosenquarz
Mythos und Symbolik edler Steine

JAN THORBECKE VERLAG

Autorin und Verlag danken Herrn Dr. Eberhard Zwink, Leiter der Abteilung Alte und Wertvolle Drucke der Württembergischen Landesbibliothek Stuttgart, für seine freundliche und fachkundige Unterstützung.

Bibliografische Information der Deutschen Bibliothek
Die Deutsche Bibliothek verzeichnet diese Publikation in der Deutschen Nationalbibliografie; detaillierte bibliografische Daten sind im Internet über http://dnb.ddb.de abrufbar.

© 2005 by Jan Thorbecke Verlag der Schwabenverlag AG, Ostfildern
www.thorbecke.de · info@thorbecke.de

Alle Rechte vorbehalten. Ohne schriftliche Genehmigung des Verlages ist es nicht gestattet, das Werk unter Verwendung mechanischer, elektronischer und anderer Systeme in irgendeiner Weise zu verarbeiten und zu verbreiten. Insbesondere vorbehalten sind die Rechte der Vervielfältigung – auch von Teilen des Werkes – auf photomechanischem oder ähnlichem Wege, der tontechnischen Wiedergabe, des Vortrags, der Funk- und Fernsehsendung, der Speicherung in Datenverarbeitungsanlagen, der Übersetzung und der literarischen oder anderweitigen Bearbeitung.

Dieses Buch ist aus alterungsbeständigem Papier nach DIN-ISO 9706 hergestellt.
Gestaltung: Finken & Bumiller, Stuttgart
Gesamtherstellung: Jan Thorbecke Verlag, Ostfildern
Printed in Germany · ISBN 3-7995-0155-X

Inhalt

Geschichte und Magie der Edelsteine

Einleitung ... 9
Die Vorgeschichte ... 13
Die Antike ... 15
Das Mittelalter ... 24
Die Neuzeit ... 36
Das Zeitalter der Mineralogie ... 41

Die Steine

Achat ... 50
Amethyst ... 52
Ammonit (Ammonshorn) ... 54
Aquamarin ... 56
Belemnit (Donnerkeil) ... 58
Bergkristall ... 60
Bernstein ... 62
Beryll ... 66
Bohnerz (Adlerstein) ... 68
Chalzedon ... 70
Chrysolith ... 72
Chrysopras ... 74
Diamant ... 76
Echenit (Kröten- oder Drachenstein) ... 80
Fluorit (Flußspat) ... 82
Gagat (Jet) ... 84
Granat ... 86
Hämatit ... 88
Hyazinth ... 90
Jade ... 92

Jaspis *94*
Karneol *96*
Koralle *98*
Lapislazuli (Lasurit oder Lasurstein) *100*
Magnetit *102*
Malachit *104*
Marienglas (Selenit) *106*
Mondstein (Adular) *108*
Onyx *110*
Opal *112*
Perlen *114*
Pyrit (Markasit, Schwefelkies) *116*
Rosenquarz *118*
Rubin *120*
Saphir *122*
Sarder *124*
Sardonyx *126*
Smaragd *128*
Topas *130*
Türkis *132*

Literatur *134*
Bildnachweis *135*

Geschichte und Magie der Edelsteine

✳

Einleitung

✳ Fast jedes Kind hat schon einmal Steine gesammelt, viele heben besonders schöne Exemplare in einer »Schatzkiste« auf, neben Vogeleiern, Briefmarken, Versteinerungen, Muscheln und anderen Kostbarkeiten. Groß ist die Enttäuschung, wenn man ihnen erklärt, daß dieser oder jener glänzende Stein kein Edelstein ist. Dabei ist diese Erklärung nicht immer ganz gerecht. Denn was macht einen Stein zum Edelstein, zum edlen Stein? Die Wertschätzung einzelner Steine wechselte im Lauf der Geschichte: Solange man den Diamanten wegen seiner großen Härte nicht schleifen konnte, war er als Schmuckstein kaum begehrt. Der Amethyst dagegen war früher viel seltener und damit kostbarer als heute, weil die großen Fundstätten in Brasilien noch unbekannt waren. Aus historischer Sicht ungerecht ist es zudem, über die bunte Zusammenstellung der kindlichen Schatzkisten zu lächeln: Selbst große Fürsten wie Rudolf von Habsburg sammelten in ihren »Wunderkammern« neben Edelsteinen auch kostbar verzierte Straußeneier, getrocknete Früchte aus fernen Ländern, römischen Schmuck und sogar das Horn eines Einhorns, das wohl in Wirklichkeit von einem Narwal stammte. Sammlungen wie diese wurden zum Grundstock vieler berühmter Museen, und selbst die ersten Stücke des British Museum erinnern an eine solche Wunderkammer. Auch die ersten Forscher, die sich seit der Antike mit den Mineralien befaßten, taten sich zunächst schwer, ihr Gebiet genauer einzugrenzen und systematisch aufzuteilen: Für sie waren Koralle und Bernstein selbstverständlich Steine, selbst wenn ihnen bekannt war, daß beide von Tieren beziehungsweise Pflanzen erzeugt werden. Denn wer wußte schon, wie die anderen Steine entstehen? Bergkristall zum Beispiel hielt man lange Zeit für versteinertes Eis.
Erst mit der Entwicklung der modernen Chemie im 18. Jahrhundert begann man, die Mineralien genauer zu definieren und nach ihrer Zusammensetzung wie auch nach Härte und Lichtbrechung zu klassifizieren. Seit dieser Zeit erst

kann man sicher sein, von welchem Stein wirklich die Rede ist, wenn der Name eines Minerals genannt wird. Vorher nämlich wurden oft die Steine mit gleicher Farbe unter einem Namen zusammengezogen: Als Smaragd wurden zum Beispiel verschiedene grüne Steine bezeichnet, darunter der heutige Smaragd, aber auch der Malachit. Der mittelalterliche Name »Karfunkelstein« ist ganz außer Gebrauch geraten, er faßte verschiedene rote Steine wie den Rubin und den Granat zusammen. Überhaupt waren Farben das erste Merkmal, nach dem man die Edelsteine unterteilte. Das heißt, daß Steine, die nach ihrer chemischen Zusammensetzung und ihrem Kristallaufbau gleich waren, verschiedene Namen erhielten, wenn sie verschiedene Farben hatten: Rubin und Saphir sind so zu ihren Namen gekommen, obwohl sie chemisch betrachtet beide Korund genannt werden.

Lange, Historia lapidum figuratorum Helvetiae (1708) oben: ein echter und ein falscher Drachenstein aus Luzern

Schöne Steine faszinieren die Menschen also schon weit länger, als man Genaueres über sie weiß. Vielleicht glänzten sie damals sogar besonders geheimnisvoll, und sicher hat die Menschen von jeher beeindruckt, daß die Steine über Jahrhunderte hinweg scheinbar unverändert weiterbestanden. Man sah sie nicht wachsen und entstehen wie Pflanzen oder Tiere, auch nicht altern und vergehen. Dies trägt ebenfalls zur Kostbarkeit der Steine bei. Sie sind kaum zerstörbar, und man kann sie verhandeln, vererben und eintauschen.

Neben der Dauerhaftigkeit und der Schönheit war es sicher der Nutzen, der die Menschen für die Steine begeisterte: Nicht umsonst heißt die erste Periode der Urgeschichte die Steinzeit. Der kostbarste Stein war damals der Feuerstein, nicht nur, weil er beim Anschlagen Funken abgab, mit denen man ein Feuer entzünden konnte. Wichtig war darüber hinaus, daß er sehr scharfkantig splitterte, wenn man ihn zerschlug, so daß er sich gut zur Herstellung von Klingen und Faustkeilen eignete. Auch die Erze, aus denen man später die Metalle schmolz, waren Steine, und aus Steinen und Erden gewann man Farben wie Ocker und Bleiweiß, aus dem Edelstein Lapislazuli ein besonders schönes Blau.

Einen anderen Nutzen versprachen sich die antiken und mittelalterlichen Ärzte von den Steinen: Als Pulver eingenommen oder am Körper getragen sollten sie Heilung bringen. Diese Idee klingt uns heute exotischer, als sie wirklich ist: Auch Magnesiumtabletten oder eine Infusion mit Kochsalzlösung könnte man unter »Heilen mit Mineralien« zusammenfassen. Es sind nicht dieselben Mineralien, die man im Mittelalter benutzte, doch wir wenden heute auch nicht mehr dieselben Kräuter an, die ein Arzt damals verwendete, und trotzdem würde niemand über den Begriff der Kräuterheilkunde lächeln. Viele Nachrichten über den Umgang mit Edelsteinen verdanken wir daher antiken und mittel-

Appendix ad 2.dam Classem.

Draconites Lucernensis Spurius.

Draconites Lucernensis verus.

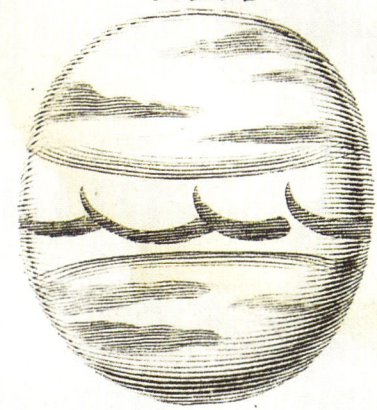

Variolites Lucernensis Niger.

Grammitæ Helvetici micantes.

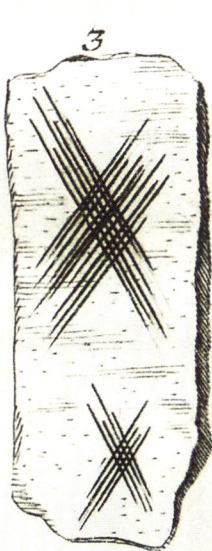

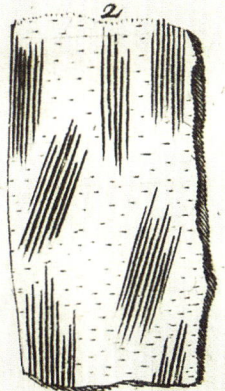

alterlichen Arzneibüchern, vom altägyptischen *Papyrus Ebers* über die »Materia medica« des griechischen Arztes Dioskurides bis zum *Hortus sanitatis* aus der Renaissance.

Die Faszination der Menschen für die Schönheit der Steine, die Hoffnung auf Heilung durch Mineralien, die Beständigkeit der Steine und ihre geheimnisvolle Herkunft – alles das fließt zusammen in der Magie der Edelsteine. Sie dienen seit jeher für Amulette und Zauberriten. Sagenhafte Geschichten umgeben zum Beispiel den Bezoar, der gegen Gift und böse Geister schützen, oder den Stein der Weisen, der jedes Metall in Gold verwandeln soll. Die Legenden um die Herkunft solcher Steine lassen sie in besonders magischem Licht erscheinen: So sollte eine bestimmte Art von Bernstein angeblich aus dem Urin des Luchses entstehen, den dieser im Boden vergrabe; der »Chelidonius« sollte sich nur im Magen von Schwalben finden. In der Antike kursierten zahlreiche Schriften, die die Zauberwirkung der Steine erklärten und sich dabei auf sagenhafte Autoren wie Orpheus oder Hermes beriefen. Im Mittelalter ging es vor allem um die Wirkung der Edelsteine gegen Krankheit und böse Geister. Doch wird auch von Edelsteinen erzählt, die mit ihrem Träger so eng verbunden waren, daß sie ihre Farbe änderten, wenn er krank wurde oder starb. Von dem Diamanten am Brustschild des jüdischen Hohepriesters wurde erzählt, daß er schwarz wurde, wenn das Volk gesündigt hatte. Besondere Magie umgab die legendären Steine Urim und Tummim, mit denen im Alten Testament Orakel erstellt wurden. In der Neuzeit lebten solche Erzählungen oftmals weiter: Noch im 18. Jahrhundert berichtet ein Schweizer Naturforscher von einem Drachenstein, der gegen Fieber hilft, und gibt sogar den Namen des Bauern an, der den Drachen am Himmel sah und danach den Stein fand. In neuerer Zeit knüpfen sich solche Legenden an einzelne Diamanten oder andere edle Steine, die ihre eigene Geschichte haben: Vom Hope-Diamanten aus Indien heißt es zum Beispiel bis heute, daß er seinen Besitzern Unglück bringe. Fürsten und Könige griffen immer wieder auf die Kräfte und Werte zurück, die bestimmte Steine verkörperten, um ihren Kronen und Insignien damit eine besondere Bedeutung zu verleihen.

Gerade bei den Berichten von mittelalterlichen Steinen ist man versucht, viele von ihnen für reine Märchen zu halten: Hat es jemals einen »Alectorius« gegeben, einen Stein, den man angeblich im Kropf von Hähnen fand und der Mut und Kraft verleihen sollte? Es scheint uns heute kaum vorstellbar, doch aus den Inventarlisten mittelalterlicher Goldschmiede wissen wir, daß sie solche Steine vorrätig hatten – oder zumindest das, was man dafür hielt. Der Bauer, der bei der Heuernte einen Drachen sah und einen Drachenstein fand, war vielleicht naiv, vielleicht aber auch ein Schlitzohr. Bei den Goldschmieden und Apothekern traten gewiß viele Händler auf, manche, die ihre Waren von weither über viele Zwischenhändler bezogen und getreulich die Herkunftsbezeichnungen weitergaben, die man ihnen gesagt hatte. Andere dagegen hatten sich vielleicht erst am Stadttor einen Turban umgebunden und einen abenteuerlichen Akzent angenommen, um den Wert der Quarzstückchen zu steigern, die sie an den Mann bringen wollten. Natürlich gab es schon immer skeptische Zeitgenossen, die mit den sagenhaften Berichten nichts anfangen konnten. Schon der erste Verfasser eines Fachbuchs über Steine, der Grieche Theophrast, übergeht vieles, was man zu seiner Zeit über Steine erzählte, mit Schweigen und beschränkt sich darauf, über deren Eigenschaften und Verwendbarkeit zu sprechen. Doch der römische Naturforscher Plinius überliefert uns in seiner *Naturgeschichte* eine Fülle solcher Geschichten, die er selbst schon skeptisch beurteilt. Bis in unsere Gegenwart haben viele dieser Legenden einen langen Weg hinter sich. Einige sind von Plinius über die Heilkundigen und die Naturforscher des Mittelalters bis zu uns gelangt, sie sind ein Teil unserer Kulturgeschichte und machen den Wert der Edelsteine als Symbol aus.

Darum findet man in diesem Buch nicht nur etwas über den Härtegrad eines Edelsteins oder seinen Fundort, sondern besonders über seine Geschichte. Wer einen Rubin oder Amethyst verschenkt, möchte damit nicht unbedingt eine Mitteilung über Aluminiumoxid oder Quarz machen, sondern kann damit ausdrücken, daß er dem oder der Beschenkten Schutz vor Gefahr oder einen kühlen Kopf in schwierigen Situationen wünscht. Daneben finden auch Steine wie der Drachenstein und der Donnerkeil einen Platz in diesem Buch, denn obwohl man sie heute nicht mehr im Katalog der Juweliere findet, haben sie in Sagen und Wunderkammern ihre Spuren hinterlassen. Bevor einzelne Steine vorgestellt werden, jedoch zunächst ein kurzer Streifzug durch die Geschichte der Mineralogie.

Die Vorgeschichte

❊ Schon für die Urzeitmenschen war ein Stein nicht wie der andere, vielleicht sogar weit weniger als für die heutigen Menschen: Wer seine Werkzeuge aus Stein herstellen muß, wird wählerisch, wie die Ausgrabungsfunde zeigen: Beile aus Feuersteinen (Silex) vom Lousberg in Aachen fand man im 150 Kilometer entfernten Hagen. Am Lousberg gab es in der Jungsteinzeit einen organisierten Abbau dieser Steine, ebenso in Mauer bei Wien und in Grimes Greves im südöstlichen England. Neben Feuerstein war Obsidian, ein hartes, glasartiges Gestein aus erstarrter Lava, besonders beliebt zur Herstellung von Werkzeugen. Von seinem Fundort in der östlichen Türkei wurde es in der Jungsteinzeit bis nach Ägypten gehandelt. Zu dieser Zeit wurden Steinwerkzeuge auch schon geschliffen, um sie einerseits zu schärfen und ihnen andererseits eine glatte Oberfläche zu geben. Dazu wurden die Steine auf einem liegenden Stein, der Schleifwanne, gerieben.

DER BERNSTEINHANDEL Doch nicht nur nützliche Steine waren begehrt: Schon in der Eiszeit, vor etwa 12 000 Jahren, trug ein Rentierjäger in Norddeutschland eine Bernsteinscheibe als Anhänger, in die ein Pferdekopf eingeritzt war. Man fand sie bei Ausgrabungen in der Nähe von Hamburg. Die Bernsteinhandelsstraßen gehören zu den frühesten Handelswegen, die sich in Europa nachweisen lassen: Der Bernstein von Nord- und Ostsee läßt sich schon in der Bronzezeit bis nach Griechenland verfolgen. Eine Handelsroute verlief von der Nordsee rheinaufwärts, dann über das Rhônetal und Marseille ins Mittelmeer und nach Norditalien, eine andere elbeaufwärts bis an die Adria. Es wundert nicht, daß gerade Bernstein zu dieser Zeit besonders begehrt war: Er läßt sich schon mit einfachen Mitteln bearbeiten und polieren, während andere Edelsteine wegen ihrer Härte mehr technisches Geschick erfordern. So beschrieb der griechische Dichter Homer, als er von den vergangenen Zeiten des Trojanischen Krieges sang, zwar Schmuck und Geräte aus Gold und Silber, aber keine anderen Edelsteine als den Bernstein.

KRISTALLSUCHER Wenn man Edelsteine gleich in Kristallform finden konnte, waren sie natürlich auch in der Vorzeit hochgeschätzt. Ein Kristallsucher oder »Strahler« im Schweizer Wallis entdeckte dafür einen ungewöhnlichen Beweis: An dem Bergkristall, den er freilegen wollte, fand er die abgebrochene Klinge eines Bronzedolchs, die ein vorgeschichtlicher »Kollege« auf der Suche nach Kristallen hier zurückgelassen hatte. An die schwer zugängliche Stelle über der Vegetationsgrenze mußte er wohl eigens zu diesem Zweck gekommen sein. Es wurde schon vermutet, daß auch der »Ötzi« ein vorgeschichtlicher Strahler war, doch wahrscheinlich haben ihn Feinde so hoch in die Berge getrieben und nicht die Suche nach Kristallen.

Die Antike

❋ SIEGELSTEINE UND STEINSCHNEIDEKUNST In Mesopotamien und Ägypten bilden Siegel die ersten Zeugen für die Verarbeitung von Edelsteinen: Die prachtvollen blauen Skarabäen aus Lapislazuli sind von der einen Seite als Käfer gearbeitet, während auf der Rückseite Hieroglyphen eingeschnitten sind, mit denen der Besitzer Dokumente siegeln konnte. Da der Skarabäus, unser Mistkäfer, nach dem Glauben der Ägypter die Sonne über den Himmel schob, galt sein Abbild auch als Amulett, und die Siegel wurden in Schmuckstücke und Ringe eingesetzt. Die Mesopotamier siegelten anders: Über ihre Keilschrifttafeln aus Lehm rollten sie kleine Zylinder aus Edelsteinen, in die Bilder oder Schriftzeichen eingraviert waren. Oft waren diese kleinen Rollsiegel mit einem Loch versehen, so daß man sie an einer Kette tragen konnte.

Um die härteren Steine zu bearbeiten, benutzte man Stichel aus dem harten Stein Obsidian und das Schleifpulver Schmirgel. Schmirgel fand man als natürliche Mischung aus verschiedenen Mineralien auf der griechischen Insel Naxos; es besteht aus Quarz, Hämatit, Magnetit und Korund. Da Korund nach dem Diamanten das härteste Mineral ist, ließ sich mit diesem Pulver fast jeder Stein bearbeiten. Um sich das ermüdende Reiben zu erleichtern, erfand man schon bald Schleifräder. Diese wurden so angetrieben, wie man es noch heute bei einfachen Drechselbänken, zum Beispiel in Marokko, sehen kann: Um die Achse des Schleifrades wird eine Schnur geschlungen, die auf einen Bogen gespannt ist. Wenn man den Bogen hin- und herbewegt, dreht sich das Schleifrad, man kann dann den Stein darunterhalten.

Die Griechen verwendeten Edelsteine zunächst vorzugsweise für Siegel, und zwar für Siegelringe. Diese ersetzten praktisch die Unterschrift, das heißt, jeder einigermaßen wohlhabende Mann mußte ein solches Stück besitzen. Zu Beginn waren diese Siegel noch recht einfach gearbeitet, man bevorzugte weiche Steine, die sich leicht schneiden ließen, etwa den bläulichen Chalzedon, und stach Buchstaben oder Symbole hinein. Der römische Autor Plinius erwähnt in seiner Beschreibung verschiedener Steine oft, ob sich das Siegelwachs leicht von ihnen löst oder an ihnen klebenbleibt.

Ein berühmtes Beispiel für einen Siegelring ist der Ring des Polykrates, des Herrschers von Samos im 6. Jahrhundert. Von ihm erzählt der Geschichts-

schreiber Herodot, daß er so viel Glück in seinem Leben hatte, daß dies den
Zeitgenossen unheimlich wurde: Man riet ihm, sich selbst ein wenig Unheil
zuzuziehen, um nicht den Neid der Götter zu erregen. Also warf Polykrates
seinen schönen Siegelring ins Meer, als Opfer an die Rachegöttinnen, die
»Erynnien«. Doch als es das nächste Mal Fisch an seiner Tafel gab, wurde
deutlich, daß er seinem Glück nicht entfliehen konnte: In den Eingeweiden des
Fischs fand sich sein eigener Siegelring wieder! Herodot nennt den Stein im
Ring einen Smaragd, damit können aber, wie gesagt, verschiedene grüne Steine
gemeint sein. Plinius spricht dagegen von einem Sardonyx, einem typischen
Siegelstein. Die antike Geschichte wurde von Friedrich Schiller in seiner Ballade
Der Ring des Polykrates verarbeitet:

Und jener spricht, von Furcht beweget:
»Von allem, was die Insel heget,
Ist dieser Ring mein höchstes Gut.
Ihn will ich den Erinnen weihen,
Ob sie mein Glück mir dann verzeihen.«
Und wirft das Kleinod in die Flut.
Und bei des nächsten Morgens Lichte
Da tritt mit fröhlichem Gesichte
Ein Fischer vor den Fürsten hin:

»Herr, diesen Fisch hab ich gefangen,
Wie keiner noch ins Netz gegangen;
Dir zum Geschenke bring ich ihn.«
Und als der Koch den Fisch zerteilet,
Kommt er bestürzt herbeigeeilet
Und ruft mit hocherstauntem Blick:
»Sieh, Herr, den Ring, den du getragen,
Ihn fand ich in des Fisches Magen;
O ohne Grenzen ist dein Glück!«

Mit der Zeit wurden die Steinschneider immer geschickter, und es entstanden
kleine Kunstwerke, die nicht mehr nur zum Siegeln, sondern auch als Schmuck
dienten. Bekannte Künstler unter den Steinschneidern signierten ihre Werke
sogar, so etwa Dexamenos von Chios schon im 4. Jahrhundert vor Christus, von
dem noch vier Steine erhalten sind. Seit den Feldzügen Alexanders des Großen
kamen neue Steinarten aus fernen Ländern nach Griechenland. Besonders
beliebt waren Steine, die aus zwei verschiedenfarbigen Schichten aufgebaut
waren, wie der sogenannte Sardonyx: Wenn man die obere Schicht an einigen
Stellen abschliff, entstanden zweifarbige Bilder im Stein, Gemmen genannt.
Innerhalb der Gemmen unterscheidet man noch einmal den Kameenschnitt, bei
dem das Bild aus der oberen Schicht des Steins wie ein Relief herausgearbeitet
wird, und den Gemmenschnitt, bei dem das Bild vertieft in den Stein hineinge-
schnitten wird. Achate wurden ebenfalls auf diese Art bearbeitet. Die Gemmen
zeigten kleine Szenen aus der Mythologie, Göttinnen und Helden, später
immer mehr Porträts, etwa der römischen Kaiser.

Histoire de l'Art
égyptien (1888)
Siegelringe aus
Lapislazuli

Schließlich wurde es sogar möglich, ganze Gefäße aus kostbaren Steinen herauszuschneiden: Besonders unter den römischen Kaisern waren solche Luxusgefäße, etwa aus Bergkristall, unter den Reichen verbreitet. Der römische Staatsmann und Philosoph Seneca berichtet in seiner Schrift über den Jähzorn (*De Ira*) eine Anekdote, die zeigt, wie unmäßig solche Gefäße geschätzt wurden:

Als der Kaiser Augustus bei einem schwerreichen Römer zu Gast war, zerbrach ein Sklave aus Versehen eines der kostbaren Kristallgefäße, die bei der Gelegenheit aufgetragen wurden. Der Hausherr geriet außer sich und befahl, den Sklaven den Muränen in seinem Fischteich zum Fraß vorzuwerfen. Dem Sklaven gelang es jedoch, sich loszureißen und den Kaiser um sein Leben zu bitten. Augustus begnadigte daraufhin nicht nur den Sklaven, sondern befahl, sämtliche Kristallgefäße im ganzen Haus zu zerschlagen.

Nicht nur in dieser Anekdote sollte von den Sklaven der Antike die Rede sein: Auch die harte Arbeit in den Bergwerken, in denen systematisch nach Mineralien gegraben wurde, fiel vor allem auf sie zurück. In einigen Bergwerken, so wird berichtet, waren die Stollen so niedrig, daß man nur auf dem Rücken liegend arbeiten konnte. Andere verwendeten eine Technik, bei der man mit Absicht einige Stollen zum Einsturz brachte, um sich andere Schichten zu erschließen. Ein hohes Risiko für die Arbeiter, die diese Stollen gruben.

ANTIKE NATURFORSCHER: THEOPHRAST UND PLINIUS Für die Menschen der Antike waren Edelsteine in erster Linie Schmuckstücke, doch auch Heilmittel. Es kursierten Geschichten, woher der Bernstein stamme und darüber, daß die Korallen im Meer wüchsen, aber erst die Naturphilosophen machten sich genauere Gedanken über die Herkunft der Edelsteine. Sicherlich hat zu ihrem Interesse der aufblühende Bergbau in Silber- und Kupferminen beigetragen, bei dem die Bergleute wertvolle Erfahrungen über Bodenschichten und Mineralien sammelten.

Einer der ältesten und berühmtesten Naturphilosophen war Thales von Milet, der schon eine Sonnenfinsternis vorhergesagt haben soll. Thales hat sich unter anderem mit besonderen Eisenerzen aus der Gegend der Stadt Magnesia in der heutigen Türkei beschäftigt, die Eisenstücke anziehen konnten. Als Grund für die Anziehungskraft vermutete er eine Art »Seele« im Metall. Ob er sich auch mit anderen Mineralien beschäftigte, läßt sich kaum sagen, da nur wenige Nachrichten über ihn überliefert sind. Soweit man aus den Erwähnungen der frühen Philosophen erkennen kann, nahm man wohl allgemein an, daß Steine und Metalle aus Erde entstehen, die Erde selbst hielt man für eines der vier Grundelemente der Welt wie Feuer, Luft und Wasser. Durch ihre Kolonien in Sizilien und Süditalien kannten die Griechen Vulkane wie den Ätna, und sie stellten sich daher vor, daß durch die Hitze der Vulkane und den entstehenden Druck Erde in die verschiedenen Mineralien umgewandelt würde. Schließlich wurden aus den Vulkanen auch die Bimssteine herausgeschleudert.

Der erste, von dem eine Schrift über Mineralien und Edelsteine überliefert ist, ist Theophrast von Eresos auf der Insel Lesbos, ein Schüler des Aristoteles. Er übernahm nach Aristoteles' Tod im 3. Jahrhundert vor Christus die Leitung von dessen Schule und verfaßte eine große Zahl von Schriften, außer zu philosophischen Themen besonders zur Naturkunde, über Tiere, Pflanzen, das Wetter und unter anderem auch die Steine. Erhalten haben sich von diesen nur die Schriften über die Pflanzen und über die Steine. In seiner Schrift *Peri lithon*, »Über die Steine«, geht Theophrast die Frage nach der Zusammensetzung der Mineralien systematisch an und sagt:

Die Körper, die sich in der Erde bilden, bestehen teils aus Wasser, teils aus Erde. Aus Wasser bestehen die Metalle, wie Silber, Gold und andere, aus Erde die gewöhnlichen und die wertvolleren Steine sowie diejenigen Erdarten selbst, die besondere Eigenschaften besitzen, wie Farben, Glätte, Dichtigkeit usw.

Auf die Unterscheidung zwischen Metallen und Steinen kommt Theophrast durch die Beobachtung, daß Metalle flüssig werden, wenn man sie erhitzt. Also, so folgert er, müssen sie aus Wasser bestehen, denn unter den vier Ur-Elementen Feuer, Wasser, Erde und Luft ist es das einzige flüssige: *was schmilzt, muß naß sein und einen Überschuß an Feuchtigkeit enthalten*. Während diese Folgerung uns heute seltsam erscheint, läßt Theophrasts weiteres Vorgehen den Wissenschaftler erkennen: Er unterteilt die Steine danach, ob sie brennbar sind, bei Hitze schmelzen oder zerbrechen. Als brennbare Steine bezeichnet er die ersten Funde von Braunkohle, außerdem verschiedene Steine, die nach Erdpech oder Erdöl riechen. Er erwähnt auch, daß Marmor zu Kalk verbrennt. Was bei Hitze schmilzt, ist nach seiner Definition ein Metall oder enthält Metall, also ein Erz, er erwähnt aber auch den Obsidian, der im Feuer Blasen wirft – wie wir heute wissen, weil er Glas enthält.

Die übrigen Steine verändern sich im Feuer nicht, es sei denn, daß sie vor Hitze zerspringen. Theophrast unterteilt sie weiter in solche, die als Baumaterial verwendet werden, und andere, die nur in kleinen Mengen gefunden werden und für Siegelringe geeignet sind, also unsere Edelsteine. Theophrast nennt eine ganze Reihe von Steinnamen, von denen man viele heutigen Steinen zuordnen

kann, weil er sie beschreibt und ihre Herkunft angibt. So ist sein »Sappheiros« wahrscheinlich der Lapislazuli, denn Theophrast spricht davon, daß dieser Stein mit Goldpunkten übersät sei, und im Lapislazuli bilden Pyriteinschlüsse solche Pünktchen. Manche Steinnamen umfassen mehrere heutige Steine: »Anthrax« heißen bei ihm alle leuchtend roten durchsichtigen Steine, also vor allem Granat und Rubin. Manchmal versucht der Forscher selbst, Ordnung in die Namensvielfalt zu bringen: Er unterscheidet bei den grünen Steinen zwischen echtem Smaragd und falschem, den man vor allem in Kupferminen finde. Nach seiner Beschreibung handelt es sich dabei offenbar um Malachit. Dieselben Steine wie heute verbergen sich wohl hinter den Namen Hämatit und Jaspis.
Auch Bernstein, Perlen und Korallen kommen in der Steinbeschreibung vor, obwohl Theophrast weiß, daß Perlen aus Muscheln stammen. Korallen nennt er *eine Steinart, von roter Farbe und verzweigt wie eine Wurzel; sie wächst im Meer.* Am Bernstein interessiert ihn natürlich die geheimnisvolle Anziehungskraft, die nach dem griechischen Namen für diesen Stein (»Elektron«) bis heute »Elektrostatik« heißt. In einer Zeit, in der Plastikstrohhalme und Polyesterpullover unbekannt waren, war der Bernstein fast das einzige Material, an dem sich diese Wirkung beobachten ließ: Wenn man den Stein rieb, zog er Strohschnipsel und kleine Holzspäne an. Vielleicht hat diese geheimnisvolle Kraft Theophrast dazu gebracht, die Geschichte vom Luchsharn zu glauben, aus dem dieser Stein entstehen sollte. Diese Erklärung war für ihn offenbar nicht völlig abwegig: Die Länder, in denen Bernstein gesammelt wurde, lagen so weit entfernt, daß er keine sicheren Nachrichten davon erhalten konnte. Und wenn Muscheln Perlen erzeugen können, warum sollte dann aus Luchsharn kein Bernstein entstehen? Sonst ist Theophrast äußerst kritisch, was magische Wirkung und Entstehung von Steinen angeht. Immerhin berichtet er aber, daß der Smaragd die Kraft besitzt, Wasser zu färben, und erwähnt kurz sogenannte »gebärende Steine«, das sind Limonit- oder Bohnerzsteine, die aus mehreren ineinander gelagerten Kugelschalen bestehen, die sich beim Austrocknen des Materials voneinander trennen und dann beim Schütteln klappern. Anstatt die Wunderwirkung solcher Steine näher zu erklären, versucht der Philosoph jedoch lieber, aus besonderen Funden, wie etwa einem Stein, in dem Jaspis und Smaragd miteinander verwachsen sind, zu schließen, wie die Steine entstanden sind. An die Beschreibung der Steine schließt Theophrast die der besonderen Erden an, die vor allem zur Herstellung von Farben verwendet werden. Er nennt zum Beispiel Bleiweiß, Grünspan und Zinnober. Insgesamt hat man den Eindruck, daß Theophrast ein guter und neugieriger Beobachter war, der die Naturphänomene in seiner Umgebung aufmerksam

verfolgte und sogar mit weitgereisten Kaufleuten, Bergleuten und Handwerkern sprach, um sein Wissen zu ergänzen. Nicht nur in der Naturkunde war Theophrast übrigens ein guter Beobachter: Außer seinen Schriften über Pflanzen und Steine hat sich von ihm bis heute nur noch ein lustiges kleines Buch mit literarischen Karikaturen der Charaktertypen erhalten, denen man im Athener Alltag begegnen konnte. So wie vorher den Smaragd, den Diamant oder den »Sappheiros« beschreibt er hier den Schmuddel, den Zerstreuten oder den Geizkragen.

Während sich Theophrasts *Peri lithon* ausschließlich auf Steine konzentriert, sind Angaben über Edelsteine in der folgenden Zeit in größeren Werken verstreut, wie in Diodors *Weltgeschichte* oder Strabos *Geographie* aus der Zeit um Christi Geburt. Ein großes Unternehmen war auch die *Historia naturalis* oder »Naturgeschichte« von Caius Plinius Secundus, genannt Plinius der Ältere. Plinius, ein vornehmer Römer aus Como in Norditalien, betätigte sich wie die meisten römischen Adeligen als Anwalt und im Militärdienst. Daneben nahm er sich aber immer wieder Zeit, Material zu sammeln für ein riesiges Nachschlagewerk über die ganze bekannte Welt: Wissenswertes aus den heutigen Fächern der Astronomie, Geographie, Biologie, Botanik, Geologie, Landwirtschaft, Medizin und Kulturgeschichte – alles sollte man in diesem Buch finden. Er selbst sagt in der Einleitung, er habe etwa 2000 Bücher zu diesem Zweck gelesen und die besten Gelehrten in seinem Werk zusammengefaßt. Theophrast gehörte ebenfalls zu seinen Quellen. Buch 33 und 34 seiner Naturgeschichte befassen sich mit Gold und Eisen, Buch 35 behandelt die Farben und damit viele Erdsorten wie Ocker und Rötel, Buch 36 spricht vom Marmor und der Bildhauerei, und das letzte der 37 Bücher schließlich von den Edelsteinen.

Plinius ordnet die Edelsteine nicht wie Theophrast nach physikalischen Gesichtspunkten wie der Brennbarkeit, sondern nach ihrer Farbe. Doch weiß auch er, daß sich Steine mit demselben Namen sehr unterscheiden können, je nachdem, woher sie kommen, und zählt darum zum Beispiel sechs Arten von Diamanten und zwölf Arten von Karfunkeln auf.

Bei der Vorstellung der einzelnen Steine nimmt der gelehrte Römer manche seltsame Geschichte mit auf, zum Beispiel die, daß sich der Diamant durch frisches, warmes Bocksblut sprengen lasse. Trotzdem stellt er seiner Reihe von Edelsteinen eine deutliche Warnung gegen die Magier voraus: *denn diese Leute erzählen mit lockenden Worten so vieles von den Edelsteinen, was die Wunder ihrer arzneilichen Wirkungen weit überschreitet*. Plinius bemüht sich, alte Gerüchte zu widerlegen, wenn er kann: So weiß man nach den Feldzügen Cäsars und Augustus' bis in das Land der Germanen, daß der Bernstein von den »Inseln des nördlichen Ozeans« kommt und nicht aus Norditalien, erst recht nicht aus dem Harn des Luchses. Auch daß der Bernstein aus Harz entsteht, erkennt Plinius, und zwar einerseits aus seinem Geruch, andererseits aus den darin eingeschlossenen Insekten. Damit die ganze Geschichte jedoch nicht zu trocken wird, schließt er sein Bernsteinkapitel mit einem kurzen Bericht über einen Handelsreisenden, der aus Germanien so viel Bernstein mitbrachte, daß Nero in der Arena die Schutznetze vor der kaiserlichen Tribüne damit ausschmücken ließ. Interessant sind neben den Beschreibungen der verschiedenen Steine und ihrer Herkunft auch Plinius' praktische Anmerkungen. So berichtet er, daß kleine Diamantsplitter in Eisen gefaßt werden und dann als besonders harte Bohrer dienen. Er kennt verschiedene Techniken, um Edelsteine zu fälschen, zum Beispiel, indem man mehrere einfarbige Steine zu einem der begehrten Lagensteine zusammenklebt, und er nennt Möglichkeiten, gefälschte Edelsteine zu erkennen: Sie sind meist leichter als das Original und fühlen sich – im Mund, wie er sagt – wärmer an.

Plinius' Naturgeschichte ist bis heute eine wahre Fundgrube an historischen Informationen, Anekdoten und Mythen. Bis in die Frühe Neuzeit hinein war sie aber noch weit mehr: Sie war eines der zuverlässigsten und besten Nachschlagewerke über die Natur und wurde noch im Mittelalter und in der Renaissance ganz selbstverständlich benutzt. Fast eine Ironie des Schicksals scheint es, daß Plinius, der sich so viel mit Naturereignissen befaßt hatte, bei einem ganz besonderen Naturereignis ums Leben kam: Er starb beim Vesuvausbruch des Jahres 79 nach Christus, als Pompeji verschüttet wurde.

DIE MAGIER Aus der Warnung des Plinius kann man es schon erkennen: Neben den ernsthaften Naturforschern und den Steinschneidern und ihren Kunden befaßten sich vor allem die Magier mit den Edelsteinen. Sie verfaßten sogenannte *Lithika* (»Steinbücher«), die über die Wunderkräfte der verschiedenen Steine Auskunft geben sollten. Diese Bücher schmückten sich meistens mit den Namen großer Magier als Verfasser – so soll es ein Steinbuch des Zoroaster oder Zarathustra gegeben haben, das jedoch nicht mehr erhalten ist. Überliefert ist die lateinische Schrift eines Damigeron, wohl nach einem griechischen Vorbild, und ein griechisches Gedicht über die Steine, das angeblich von Orpheus stammt, dem mythischen Sänger, der seine Frau durch Musik aus der Unterwelt freikaufen wollte. In Wirklichkeit stammt das Gedicht erst aus dem 4. Jahrhundert nach Christus. Es beruft sich auf den Schutzgott der Magier, Hermes Trismegistos, der den Menschen die Kräfte der Steine geoffenbart habe. Auch die *Koiraniden* aus dem 1. Jahrhundert nach Christus wollen auf Hermes zurückgehen. Sie stellen Pflanzen, Tiere und Steine zusammen, die in der Magie zusammengehören und eine ähnliche Wirkung haben sollen.

In der Magie wurden die Tierkreiszeichen mit bestimmten Edelsteinen in Verbindung gebracht. Dabei spielte die Lehre von den vier Ur-Elementen eine Rolle, die ursprünglich von Naturforschern wie Thales und Theophrast vorbereitet worden war. Die Tierkreiszeichen wurden nach den Jahreszeiten und ihren Bildern als »kalt« oder »warm«, »wäßrig« oder »feurig« bezeichnet. Dann ordnete man ihnen Steine zu, die diesen Elementen entsprachen: So sind die Fische natürlich wäßrig, wie es zu ihrem Namen und dem vielen Regen im Frühjahr paßt. Ihr Stein ist der wäßrig-grüne Smaragd, der durch sein Grün ebenfalls auf das Frühjahr hindeutet. Später wurden die Steine der Tierkreiszeichen durch die biblischen Steine beeinflußt, die im Mittelalter eine große Rolle spielten. Daher stammen die heutigen »Monatssteine«, die gerne zur Geburt eines Kindes verschenkt werden; neben der unten angeführten Tabelle gibt es von ihnen aber noch andere Versionen. Jedem Sternzeichen werden heute mehrere Steine zugeordnet. Meist herrscht dabei eine Steinfarbe für jedes Sternzeichen vor.

DIE MONATSSTEINE

Januar – *Topas*
Februar – *Chrysopras*
März – *Hyazinth*
April – *Amethyst*
Mai – *Jaspis*
Juni – *Saphir*
Juli – *Smaragd*
August – *Chalzedon*
September – *Karneol oder Sarder*
Oktober – *Sardonyx*
November – *Chrysolith*
Dezember – *Aquamarin oder Beryll*

DIE TIERKREISZEICHEN UND IHRE EDELSTEINE

Steinbock – *Malachit, Onyx, Rauchquarz, grüner Turmalin*
Wassermann – *Amethyst, Aquamarin, Jade, Lapislazuli, Onyx, Saphir, blauer Topas, Türkis*
Fische – *Amethyst, Aquamarin, Fluorit, Koralle, Opal, Mondstein, Perle*
Widder – *Granat, roter Jaspis, Karneol, Rubin*
Stier – *Achat, Karneol, Rosenquarz, Smaragd*
Zwilling – *Aquamarin, Bergkristall, Bernstein, Chalzedon, Goldtopas, Zitrin*
Krebs – *Chrysopras, Karneol, Opal, Mondstein, Topas*

Löwe – *Bergkristall, Bernstein, Diamant, Granat*
Jungfrau – *Azurith, Goldtopas, Jaspis, Karneol, Lapislazuli, Zitrin*
Waage – *Aquamarin, Jade, Koralle, Opal, Turmalin, Rosenquarz, Rauchquarz*
Skorpion – *Achat, Amethyst, Granat, Hämatit, Zitrin*
Schütze – *Amethyst, Lapislazuli, blauer Topas, Saphir, Türkis*

Das Mittelalter

✢ Von der Völkerwanderung, der unsicheren Übergangszeit zwischen Antike und Mittelalter, zeugen im Bereich der Edelsteine vor allem die sogenannten »Hortfunde«: Aus Angst vor Raubzügen und Plünderungen vergruben die Menschen ihre Habseligkeiten, doch oft kamen sie nicht mehr dazu, ihre versteckten Schätze später wieder hervorzuholen. So stoßen Archäologen manchmal auf einen Hort von Münzen und Schmuckstücken, dessen Besitzer den nächsten Angriff auf seine Stadt oder sein Gehöft wahrscheinlich nicht überlebt hat.

Erst mit den fränkischen Königen und ihrer Annahme des Christentums entstand im Norden Europas wieder eine etwas stabilere Ordnung. Auch die neuen Machthaber zeigten ihre Macht durch den Glanz der Edelsteine: Die fränkischen Könige befestigten ihre Kleidung besonders gerne mit Fibeln aus Gold, in die Granate eingefaßt waren. Schöne Beispiele für diese Art des Schmucks fanden sich im Grab des Merowingerkönigs Childerich.

EDELSTEINE IM DIENST DES CHRISTENTUMS

Karl der Große nahm schließlich die Tradition des römischen Reichs wieder auf, um sie unter christlichen Vorzeichen weiterzuführen. Ein schönes Symbol dafür, wie römische Tradition, Franken und Christentum zusammenfanden, ist das Lotharkreuz aus der Aachener Domschatzkammer, das in der Mitte eine römische Gemme mit dem Porträt des Kaisers Augustus trägt. Andere römische Gemmen – ehemals Beutestücke? – wurden zum Schmuck von Bucheinbänden verwandt, besonders von Evangelienbüchern, wie auch für die kostbar ausgestatteten Schreine, in denen man die Reliquien der Heiligen aufbewahrte. Ähnliche Symbolkraft wie das Lotharkreuz hat im französischen Kronschatz eine antike Schale, die aus einem einzigen Achat geschliffen wurde. Der fränkische König Karl III. ließ sie mit einem goldenen Fuß versehen und widmete sie dem Gottesdienst.

Les Arts somptuaires (1858)
Mittelalterliche Kronen

Während die Freude der Menschen am Glanz der Edelsteine dieselbe geblieben ist, hat sich die Symbolik der Edelsteine zum Teil mit dem Christentum gewandelt: Die *Bibel* weist ihnen nun ihren Platz zu. Sie spricht im Alten und im Neuen Testament nur an wenigen Stellen ausdrücklich von bestimmten Edelsteinen: Im Buch *Exodus*, das neben dem Bericht vom Auszug der Israeliten aus Ägypten und den Zehn Geboten auch die weiteren Vorschriften für die Einrichtung des Gottesdienstes enthält, wird unter anderem beschrieben, wie der Hohepriester gekleidet sein soll. Er soll einen Brustschild tragen, auf dem in vier Reihen je drei Steine angeordnet sind, für jeden der Stämme Israels einen: Sarder, Topas, Smaragd, Rubin, Saphir, Diamant, Lynkurer, Achat, Amethyst, Türkis, Onyx und Jaspis. Mit diesen Namen hat jedenfalls Luther die hebräischen Bezeichnungen übersetzt. Außerdem sind an diesem Brustschild noch die beiden Orakelsteine Urim und Tummim befestigt.

Wie genau das Orakel mit Urim und Tummim vor sich ging, ist aus der Bibel nicht zu entnehmen. Vielleicht stellte man eine Frage und zog dann blind einen der beiden Steine aus einem Sack, wobei Urim »ja« bedeutete, Tummim »nein«? Die zwölf Steine des Brustschildes wie auch die beiden geheimnisvollen Orakelsteine boten jedenfalls viel Stoff für Spekulationen. Urim und Tummim wurden schon bald zu Steinen, mit denen man die Zukunft vorhersehen konnte, die zwölf anderen Steine standen für die zwölf Stämme Israels, aber vielleicht auch für die zwölf Apostel, die zwölf Tierkreiszeichen … Man konnte sich leicht ausmalen, daß jemand, der die gleichen zwölf Edelsteine besaß wie der Hohepriester, in den Augen seiner Mitmenschen eine besondere Macht haben mußte – es fehlten ihm dann jedoch immer noch Urim und Tummim, die es anscheinend nur einmal auf der Welt gegeben hatte. Über die zwölf Steine und ihren Symbolgehalt erschienen bald zahlreiche Abhandlungen, die erste schon im 4. Jahrhundert, geschrieben von Bischof Epiphanius auf Zypern.

Noch einmal zwölf Steine mit einer besonderen Symbolik gab es im Neuen Testament – in der *Offenbarung* beschreibt Johannes seine Vision des Himmlischen Jerusalems: *Und der Bau jener Mauer war aus Jaspis und die Stadt von lauterm Golde gleich dem reinen Glase. Und die Grundsteine der Mauer um die Stadt waren geschmückt mit allerlei Edelgestein. Der erste Grund war ein Jaspis, der andere ein Saphir, der dritte ein Chalzedonier, der vierte ein Smaragd, der fünfte ein Sardonyx, der sechste ein Sarder, der siebente ein Chrysolith, der achte ein Beryll, der neunte ein Topas, der zehnte ein Chrysopras, der elfte ein Hyazinth, der zwölfte ein Amethyst. Und die Tore waren zwölf Perlen, und ein jeglich Tor war von einer Perle; und die*

Gassen der Stadt waren lauteres Gold wie ein durchscheinend Glas. (Lutherbibel, *Offenbarung* 21, 18–21)

Neben den zwölf Steinen stehen die Perlen, die die Tore der Stadtmauer bilden sollen. Auch hier bot die magische Zahl Zwölf Anlaß zu vielen Spekulationen, und die Symbolik der Himmelsstadt wurde ausführlich gedeutet:

*Jaspis von grüner Farbe,
zeigt die Grünkraft des Glaubens,
die in allen Vollkommenen
niemals welk wird in ihrem Innern;
durch deren starken Schutz
man dem Teufel widersteht.
Der Saphir hat ein Aussehen,
das dem Himmelsthron gleicht;
er bezeichnet das Herz der Einfältigen,
die mit sicherer Hoffnung warten,
durch deren Leben und Sitten
der Höchste erfreut wird.
Der Sardonyx ist immer dreifarbig,
er zeigt den inneren Menschen,
den die Demut schwarz färbt,
in dem die Keuschheit weiß leuchtet.
Zum Gipfel der Ehre
färbt ihn rot das Martyrium.*

(Marbod von Rennes, *Lapidarium*)

Die biblische Symbolik der Edelsteine prägt nicht nur die kirchliche Kunst, sondern auch die Symbole der Macht, denn die Kaiser betrachteten sich als von Gott eingesetzt. So entstand für die deutschen Kaiser (möglicherweise schon unter den Ottonen, vielleicht aber erst unter den Saliern) um die Jahrtausendwende die berühmte deutsche Reichskrone, die heute in Wien liegt. Von den acht Platten, die diese Krone bilden, tragen die Stirnplatte und die ihr gegenüberliegende Platte je zwölf verschiedene Edelsteine – symbolisch für die zwölf Steine des Hohepriesters und des Himmlischen Jerusalems, in dem die Gerechtigkeit wohnt. Die Krone ist mit Perlen geschmückt wie die Tore dieser himmlischen Stadt. Anordnung und Zahl der übrigen Steine könnten für die Szene der Thronanbetung stehen, die ebenfalls in der *Offenbarung* beschrieben wird. Dort werden verschiedene symbolische Motive mit Zahlen verbunden: vier Tiere, sieben Fackeln, vierundzwanzig Älteste. Diese Zahlen kann man in der Anordnung der Smaragde, Saphire und Rubine der Krone wiedererkennen. Der ungewöhnlichste Edelstein der Reichskrone war sicherlich der »Waise«, ein großer Stein, der zart rötlich schimmerte und angeblich in der Nacht leuchtete. Seinen Namen »Waise« erhielt er, weil er der einzige Stein dieser Art war, den man kannte. Leider ist er seit dem späten Mittelalter verschollen. Anhand der Beschreibung nimmt man an, daß es sich um einen Opal gehandelt hat. Auch die anderen christlichen Könige statteten ihre Kronen mit Edelsteinen aus, die sowohl Schmuck wie christliche Symbole waren: Die Krone des französischen Königs Ludwig des Heiligen trug einen schönen Smaragd, während sein Zepter mit einem Saphir verziert war. Die Krone König Wenzels von Böhmen schmückten besonders große Granate und Saphire, außerdem eine Reliquie aus der Dornenkrone Christi.

Selbst in der Literatur wurden Symbole des Christentums mit Edelsteinen gleichgesetzt: Der Heilige Gral war zunächst der Abendmahlskelch Christi, in dem am Kreuz das Blut aus seiner Seite aufgefangen wurde. Im Ritterepos *Parzival* des Dichters Wolfram von Eschenbach ist aus dem Gral jedoch ein magischer Stein geworden, der auf einer Burg verwahrt wird.

ORIENTALISCHE EDELSTEINBÜCHER Während die Europäer damit beschäftigt waren, sich das antike Erbe neu anzueignen, lebte es zugleich bei den Arabern weiter. Wie in der Medizin, der Mathematik, der Chemie (beziehungsweise mit dem arabischen Artikel »Al-Chemie«), der Geographie und der Astronomie entwickelten sie auch in der Mineralogie die antiken Erkenntnisse weiter. Erstes Ergebnis dieser Arbeiten ist wohl das *Steinbuch des Aristoteles,* das von dem berühmten griechischen Philosophen nur den Namen hat und in Wirklichkeit wahrscheinlich im 7. Jahrhundert in Syrien entstand. Es enthält zahlreiche Fabelsteine, gleichzeitig aber als erstes Buch die Beobachtung, daß Saphir und Rubin nur zwei Farbvarianten desselben Steins (Korund) sind. Der Name des Aristoteles sicherte diesem Buch im Osten wie im Westen großen Einfluß. Der indische Gelehrte Albiruni (auch Abu Reichan Biruni) bestimmte um die Jahrtausendwende als erster die Dichte, also das spezifische Gewicht, verschiedener Edelsteine – ein wesentlicher Fortschritt, nicht nur, weil man auf diese Weise Fälschungen leichter erkennen konnte.

Um die gleiche Zeit verfaßte Ibn Sina, im Abendland als Avicenna bekannt, sein Steinbuch in Buchara in Persien. Er stellte als erster seit langer Zeit wieder eigene Theorien zur Entstehung der Mineralien auf. Dabei nahm er an, daß sie durch das Verkleben kleinster Teilchen oder durch deren Verhärtung entstehen. Auf diesen Gedanken hatten ihn wahrscheinlich unter anderem seine Beobachtungen an Tropfsteinen gebracht. Außerdem nahm er an, daß es eine »vis plastica«, eine »versteinernde Kraft« gibt, die zum Beispiel bei Erdbeben ausstrahlt und dann neue Steine bildet und sogar Tiere und Pflanzen in Stein verwandelt – vielleicht die erste Erklärung für Fossilien. Eine seiner wichtigsten Leistungen ist es, daß er die große Zahl von Mineralien, die er in seinem Buch beschreibt, in vier Kategorien einteilt: brennbar (schwefelartig) – Steine (nicht brennbar,

Buc'hoz, Centurie des planches (1777–1781) Versteinerungen von Fischen

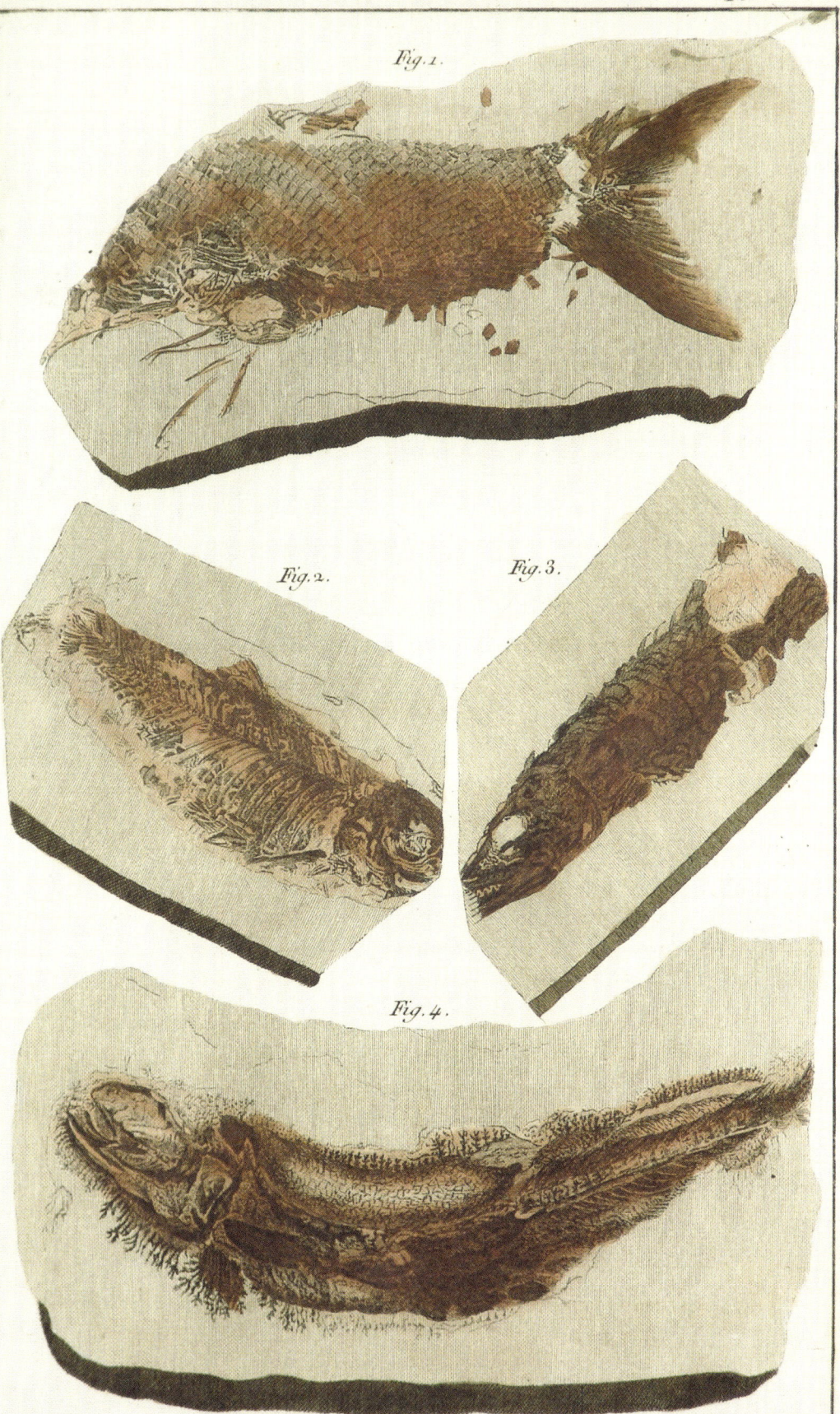

schmelzbar oder löslich) – Salze (wasserlöslich) – schmelzbar (Metalle und Erze). Hier wird sichtbar, daß die Anfänge der Chemie aus dem arabischen Raum stammen.

Neben diesen Naturforschern gab es noch zahlreiche andere Verfasser von Steinbüchern, die aber die Alchemie oder die Magie in den Vordergrund rückten, wie etwa die »lauteren Brüder von Basra« im heutigen Irak schon im 10. Jahrhundert und später der Ägypter Altifatschi. Auch die Geographen in der arabischen Welt beschrieben verschiedene Edelsteine und ihre Fundorte.

MITTELALTERLICHE EDELSTEINBÜCHER Wie schon erwähnt, gab es im Mittelalter zahlreiche Schriften, die sich mit den zwölf Steinen aus dem Brustschild des biblischen Hohepriesters befaßten. Außerdem existierten schon recht früh zwei große Enzyklopädien, die *Etymologiae* Isidors von Sevilla und *De universo* von Rhabanus Maurus, die jeweils ein Kapitel über Steine enthalten. Beide fassen jedoch nur zusammen, was sie aus Plinius entnehmen konnten, und haben die mittelalterliche Sicht auf die Edelsteine nicht mit eigenen Erkenntnissen geprägt.

Während Hildegard von Bingen und Albertus Magnus uns heute noch ein Begriff sind, kennt dagegen kaum jemand den erfolgreichsten Autor des Mittelalters zum Thema Edelsteine: Marbod von Rennes. Der Bischof von Rennes schrieb um 1090 sein lateinisches Gedicht *De lapidibus*, das zu einem »Bestseller« seiner Zeit wurde. Lateinische Abschriften des Werks finden sich noch heute in Hunderten von Klosterbibliotheken und Manuskriptsammlungen, außerdem gab es zahlreiche Übersetzungen in europäische Volkssprachen, ins Französische, Italienische, Spanische, Alt-Normannische, Irische und sogar ins Hebräische. Diese gehören zum Teil zu den ersten Texten, die in diesen Sprachen aufgeschrieben wurden. Normalerweise wurden solche naturkundlichen Schriften nicht übersetzt, denn wer lesen konnte, war meist Mönch oder Priester und konnte Latein. Marbods Buch muß also selbst über diesen Kreis hinaus ungewöhnlich populär und beliebt gewesen sein. Dies liegt wahrscheinlich daran, daß Marbod selbst viele frühere Bücher über Edelsteine gelesen hatte und in seinem Gedicht auf einfache Weise die nützlichen Angaben über ihre Kennzeichen und ihre Heilwirkung zusammenfaßte. Auch die Gedichtform war sicher ein Vorteil, denn da es aufwendig und teuer war, ein ganzes Buch abzuschreiben, lernte man gern Texte auswendig. Das fiel bei einem Gedicht leichter. Die Klosterbibliotheken, ihre Kataloge und Buchbinder ordneten Marbods Buch unter die medizinischen Schriften, und solche waren im Mittelalter, als Ärzte selten waren, immer begehrt. Wichtig war dabei, daß die wunderbaren Wirkungen der Steine für Marbod keinerlei verbotene Magie enthalten: Es werden keine Teufel oder heidnischen Rituale beschworen, sondern die Wirkung der Steine wird wie die der Kräuter als von Gott gegeben hingestellt. Marbod beginnt sein Buch mit einer Vorrede, in der ein arabischer König Evax das Buch an den römischen Kaiser Tiberius schickt und ankündigt, daß er nun seine geheimen Kenntnisse enthüllen wolle. Damit umgibt er sein Gedicht mit einem ehrfurchtgebietenden Alter und einer geheimnisvollen Herkunft, was sicherlich ebenfalls zu dessen Beliebtheit beitrug. Danach beschreibt er sechzig Steine in einfachen lateinischen Versen. Er beginnt jedesmal mit einer Beschreibung des Steins, eventuell mit seiner Herkunft, und fährt dann mit den Wirkungen fort, sofern er sie kennt.

Dabei stehen neben den medizinischen Wirkungen im engeren Sinn mindestens mit gleichem Gewicht die Wirkungen auf die Seele des Menschen im Vordergrund: Der Achat verleiht Redegewandtheit, der Diamant macht mutig, der Lapislazuli überwindet Neid. Unter den Steinen finden sich wie meistens auch Koralle und Bernstein, darüber hinaus aber auch »Alectorius«, der Hahnenstein, »Chelidonius« aus dem Bauch der Schwalbe und »Gegolitus«, Versteinerungen von Seeigelschalen, wie man heute weiß. Eine systematische Unterscheidung war Marbod wie den meisten Verfassern von mittelalterlichen Steinbüchern nicht wichtig. Von Bedeutung war es, den Menschen die Wirkungen bekannt zu machen, die Gott in die Steine wie in die Kräuter gelegt hatte, damit diese sie nutzen konnten. Am Ende seines Buches sichert Marbod sich gegen eventuelle Mißerfolge bei der Steintherapie ab: Der Grund liegt für ihn darin, daß sehr viele falsche Edelsteine in Umlauf sind:

Daher kommt es, daß man an keine Kraft der Edelsteine glaubt,
sooft eine Probe die Unwissenden enttäuscht;
doch wenn die Steine echt sind und wie es sich gehört gesegnet wurden,
stellen sich wunderbare Wirkungen ohne Zweifel ein.

Nicht lange nach Marbods Tod, nämlich um 1151, schrieb die Äbtissin des Klosters Rupertsberg, Hildegard von Bingen, ihre Visionen nieder, in denen sie verschiedene Heilmittel gesehen hatte. In ihrem Buch *Physica* (»Naturdinge«) betrachtet sie Pflanzen, Bäume, Edelsteine, Fische, Vögel, Tiere, Reptilien und Metalle im Hinblick auf ihre medizinische Wirkung. Während Marbod sich meist an bewährte Vorgänger hält, unter denen er auswählt, wagt es Hildegard, auch neue Wirkungen der Edelsteine anzugeben, die sie in ihren Visionen empfangen hat. Diese Visionen trafen jedoch auf eine gebildete Frau, die die Überlieferung kannte: Der Achat hilft bei ihr ebenso wie schon bei Dioskurides und Marbod gegen Vergiftungen und Augenkrankheiten, der Smaragd gegen Epilepsie. Der »Ligurius«, der aus Luchsharn entsteht, kommt bei ihr ebenfalls vor. Ihre Anweisungen, wie man die einzelnen Steine anwenden soll, sind genauer als bei Marbod. Es klingt so, als ob sie einiges davon schon praktiziert habe. Bei Hildegard spielen wie bei Marbod die charakterlichen Wirkungen der Steine eine wichtige Rolle: Der Onyx hilft gegen Traurigkeit, der Beryll gegen Streitsucht.

Auch wenn die *Physica* ein medizinisches Buch mit praktischen Anweisungen sind, so heißt das nicht, daß Hildegard kein naturkundliches Interesse hatte. Sie sah die Welt, vom Makro- bis zum Mikrokosmos, von den Gestirnen bis zu den menschlichen Organen, in vier Kategorien unterteilt, die ungefähr den vier Ur-Elementen der Griechen entsprechen und sich in der Vier-Säfte-Lehre der mittelalterlichen Ärzte spiegeln. Alles ist bei ihr entweder feurig, wäßrig, erdig oder luftig, und ein Gleichgewicht dieser Kräfte muß erreicht werden. Zusätzlich zu diesen vier Elementen betont Hildegard die »Grünkraft« oder »viriditas«, eine Art Lebenskraft, die die Dinge durchziehe. Anders als Marbod, der die Beschreibungen der Steine gibt, wie er sie vorfindet, bemüht sich Hildegard, jeden Stein in dieses System einzugliedern: Manche sind warm, andere wäßrig, wieder andere enthalten besonders viel Grünkraft. Die Seherin leitet daraus sogar ab, wie die Steine in einem fernen Land entstanden sind: »Feurige« Steine wie der Topas wachsen unter der Erde um die Mittagszeit, wenn die Sonne brennt, der Sarder dagegen, der nur aus Luft und Wasser besteht, wächst nach Mittag bei heftigem Regen. An erster Stelle stehen bei Hildegard jedoch nicht die Spekulationen, wo und wie die Edelsteine entstanden sein könnten, sondern die Feststellung, daß sie göttlichen Ursprungs sind:

Der Teufel fürchtet und haßt und verschmäht die Edelsteine, weil er sich daran erinnert, daß ihre Schönheit erschien, bevor er von der ihm von Gott verliehenen Ehre hinabstürzte, und weil auch manche Edelsteine aus dem Feuer entstehen, durch das er seine Strafe hat. (*Physica*, 4. Buch, Vorwort)

Im Vergleich zu Avicenna oder Albertus Magnus wirken Hildegards Vermutungen, wie die Steine entstehen, sehr traditionell. Andererseits beeindruckt ihre Zuversicht, daß die ganze Welt, vom Stein bis zum menschlichen Charakter, durch ein geschlossenes System zu erklären ist.

Mit Albertus Magnus hat sich einer der bedeutendsten Gelehrten und Naturkundler des Mittelalters mit den Edelsteinen befaßt. Albertus war Dominikanermönch, zeitweise Bischof von Regensburg und lehrte an den Universitäten von Paris und Köln, wo unter anderem Thomas von Aquin sein Schüler war. Er interessierte sich sehr für die Naturkunde und forschte besonders auf dem Gebiet der heutigen Zoologie und Botanik. Dabei legte er großen Wert auf eigene Beobachtungen, anstatt sich nur auf seine Vorgänger zu verlassen. In der Mineralogie fiel es ihm nicht so leicht wie bei den Pflanzen und Tieren, eigene Erkenntnisse zu gewinnen. So sind in seiner Schrift *De mineralibus* (um 1250) vor allem doch wieder die Nachrichten früherer Gelehrter seit der Antike über die Mineralien zusammengestellt, ergänzt nur um einige persönliche Erlebnisse. Dabei zeigt Albertus einen bemerkenswert weiten Horizont: Er kennt sogar Avicenna und nimmt eine ähnliche Einteilung der Mineralien vor, wobei er allerdings Salze und brennbare Mineralien als »Media« (»Mitteldinge«) zusammenfaßt.

Im ersten der fünf Bücher seiner Schrift behandelt Albertus die Entstehung der Mineralien. Er vermutet, daß sie alle aus den Ur-Elementen Wasser und Erde zusammengesetzt sind. Erde muß dabeisein, denn die Steine gehen im Wasser unter. Die Edelsteine sind deshalb durchsichtig, weil sie zu einem großen Teil aus Wasser und eventuell noch aus Luft bestehen. Von Avicenna hat Albertus wahrscheinlich die »versteinernde Kraft« übernommen, die bei ihm »virtus mineralis lapidis formativa« genannt wird, und die aus Erde und Wasser Steine entstehen läßt. Dabei erwähnt er auch die Steine, die sich im menschlichen Körper bilden, wie etwa Gallensteine, und die Korallen, die im Wasser wachsen.

Im zweiten Buch von *De mineralibus* geht es um die Edelsteine. Albertus fragt sich zunächst, wie sie zu ihren besonderen Kräften kommen, die er selbst schon erlebt habe. Er berichtet, daß er gesehen hat, wie ein Saphir Geschwüre geheilt hat. Und wenn der Magnet das Eisen anziehen kann, warum soll dann nicht der Saphir Geschwüre heilen? Nach dieser Einleitung stellt der Gelehrte 96 Steine zusammen und gibt ihre Beschreibung und ihre Wirkung nach den besten Quellen, die er finden konnte, wieder. Natürlich dürfen in dieser Liste »Alectorius« und »Ligurius«, Hahnen- und Luchsstein, nicht fehlen, und hier erhalten wir die interessante Nachricht, daß Albertus die durststillende Wirkung des Hahnensteins selbst ausprobiert hat und bezeugen kann. Dabei glaubt der Naturforscher durchaus nicht jede Geschichte, von der er gehört hat: Daß der »Waise« in der deutschen Kaiserkrone nachts leuchtet, kann Albertus zum Beispiel nicht bestätigen. Um so erstaunlicher, daß er den sagenhaften Adlerstein, den Adler in ihrem Nest haben sollen, selbst gesehen haben will. Albertus war übrigens nicht der einzige, der altüberlieferte Meinungen selbst überprüfte: Robert Bacon stellte im 13. Jahrhundert durch Versuche fest, daß der alte Glaube, frisches, warmes Bocksblut könne einen Diamanten sprengen, nicht zutraf.

Nur zögernd beschäftigt sich der kritische Albertus mit den Siegelsteinen, das heißt mit Steinen, in denen man irgendein Bild erkennen kann. Zu seiner Zeit galten sie allesamt als Naturerzeugnisse, man dachte etwa, die Sterne hätten den Steinen auf magische Weise ihr Bild eingeprägt. Albertus möchte sie daher lieber unter die Magie einordnen, die er ebenso wie die Alchemie in seinem Buch nicht behandeln will. Tatsächlich fiel den Naturkundlern bis ins 18. Jahrhundert die Abgrenzung zwischen den natürlichen Zeichnungen der Achate oder anderer Steine, den Fossilien und den künstlich geschnittenen Steinen schwer. Gerade die feinen Verästelungen der Dendriten aus Eiseneinschlüssen in vielen Steinen sehen wirklich aus wie gemalte Wälder.

In den übrigen drei Büchern seines Werks behandelt Albertus die Metalle und die schon erwähnten »Mitteldinge« zwischen Steinen und Metallen. Sein Buch bietet einen sehr guten Überblick über das, was man im späteren Mittelalter über die Mineralien wissen konnte, und hat auf diese Weise viele spätere Bücher beeinflußt – Nachschlagewerke und auch Kräuterbücher mit einem Kapitel über Steine und Salze.

KRÄUTER- UND STEINBÜCHER IN DER NACHFOLGE VON ALBERTUS

Es erschienen nun auch Kräuterbücher in deutscher Sprache. Das erste verfaßte Konrad von Megenberg, Domherr in Regensburg, im 14. Jahrhundert. Er hält sich eng an Albertus Magnus und fügt gelegentlich ein paar Wundergeschichten hinzu. Dieses Buch wurde bis ins 16. Jahrhundert immer wieder aufgelegt. Andere Kräuterbücher der beginnenden Neuzeit überliefern ebenfalls getreu die verschiedenen Aberglauben der mittelalterlichen Autoritäten, so der *Hortus sanitatis* (1517) und das *Kreutterbuch* (1546) von Adam Lonitzer. Sie enthalten jeweils ein Kapitel über Edelsteine und ihre besondere Wirkung. Ein anderer Verfasser eines berühmten Kräuterbuchs, der Arzt Johannes Bauhin, verfaßte gleichfalls ein Buch über die Steine: *De lapidibus* (1600). Er behandelt darin hauptsächlich Fossilien.

Schwalbenstein, Chelidonius. Chelidonius wird in der Schwalben Bauch gefunden / als Albertus schreibt. Ist zweyerley Geschlecht und Art / schwartz und roth / und werden gesamlet / wenn man die jungen Schwalben faßet / und ihre Leiber aufthut. Der rothe Stein in ein leinen Tuch / oder Kälberin Leder gethan / und unter der lincken Achseln getragen / dienet wider Unsinnigkeit / und langwirige Siechtagen / Monsucht auch schwehre Noth / und bringet Günst bey jederman. (Lonitzer, *Kreutterbuch*, 7. Theil, Cap. 29)

Buc'hoz, Centurie des planches (1777–1781) Eiseneinschlüsse in Kalkstein formen sogenannte Dendriten.

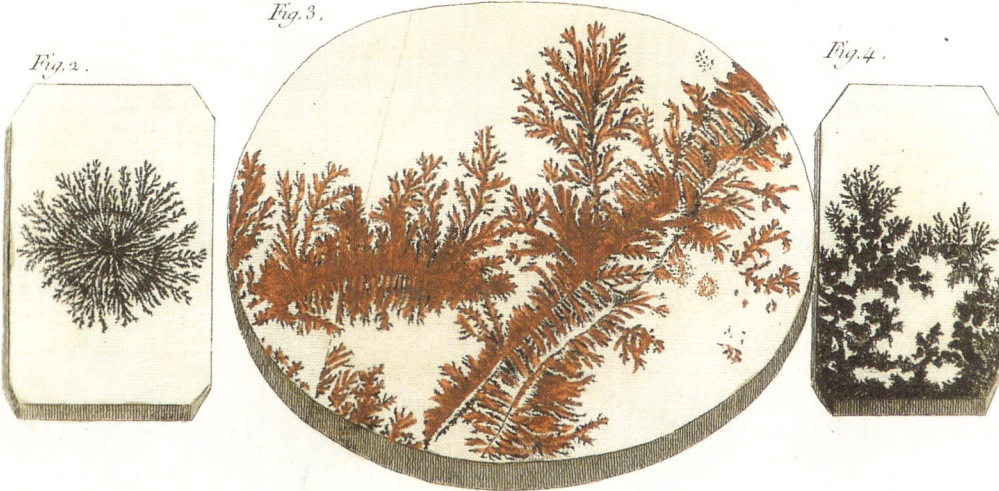

Fig. 1. Fig. 2. Fig. 3. Fig. 4.

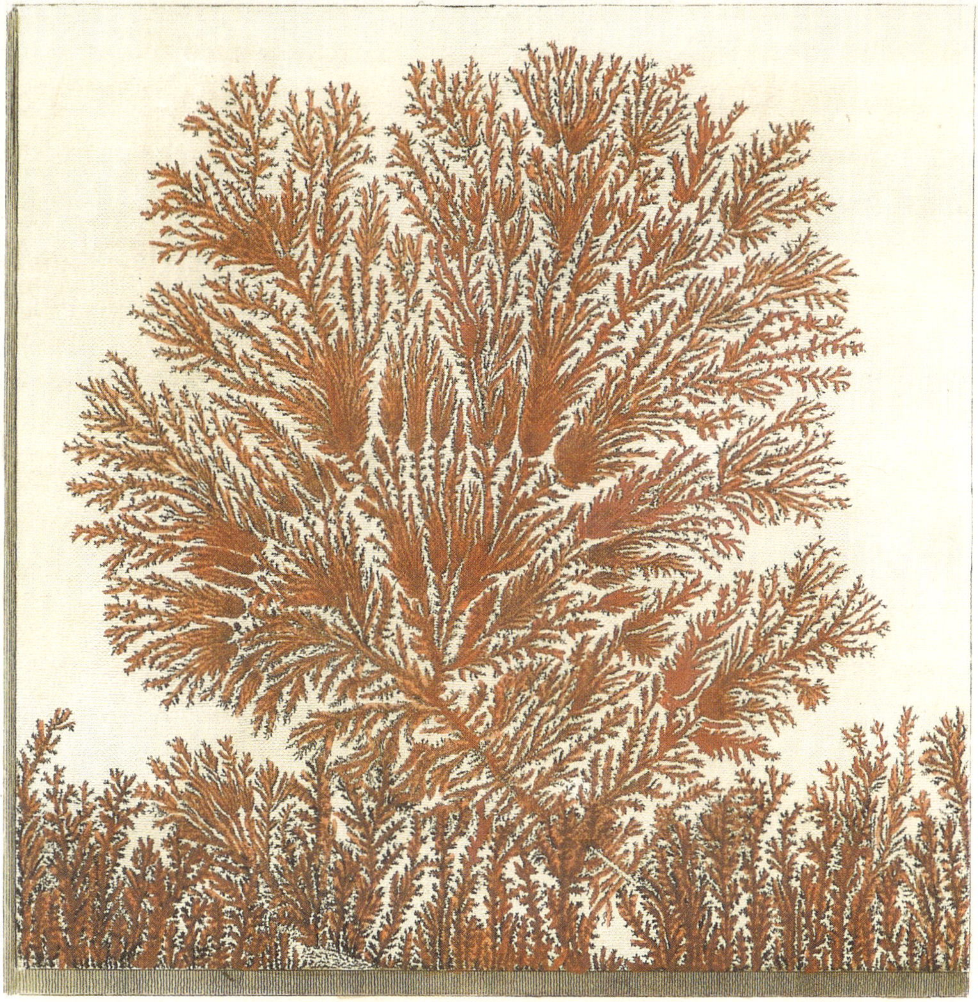

Einige der vorgeschlagenen Kuren sind realistischer, aber auch rabiater: *Smirgel, Smirill, Smyris. Der Smyris, Schmirgel oder Schmirill / ist ein Stein harter / wie ein Demant / wird von den Steinpolierern zu der Polierung der Edelgesteinen gebraucht. Sein Krafft ist / zu den Flüssen des Zahnfleisches und die Zähne zu säubern / und auch das Zahnfleisch zu stärken.* (Lonitzer, *Kreutterbuch*, 7. Theil, Cap. 34)

EDELSTEINE UND MINERALOGIE IM SPÄTEREN MITTELALTER

Neben den naturkundlichen Werken über die Edelsteine darf man die praktischen Fortschritte nicht vergessen, die der Umgang mit Edelsteinen im Mittelalter machte. Die Geldwirtschaft kam auf, so daß die Nachfrage nach Edelmetallen stieg und immer mehr Bergwerke eröffnet wurden. Die Bergleute sammelten ihre praktischen Erfahrungen und wußten sicherlich über die verschiedenen Steine und Erze schon mehr zu sagen als die Naturkundigen ihrer Zeit. Auch die Schleif- und Poliertechniken verbesserten sich ständig. Zunächst wurden sie nur benutzt, um die natürlichen Kristallformen der Edelsteine hervorzuheben und gleichmäßiger zu machen. Seit etwa 1330 schliff man in Venedig sogar Diamanten, von dort wanderte diese Technik schnell nach Flandern und Amsterdam, wo bis heute ein Zentrum der Edelsteinschleiferei liegt. Die neue Technik machte es möglich, Kronen mit geschliffenen Diamanten zu verzieren. 1352 machte der französische König Johann der Gute den Anfang. Da konnten die anderen Königshäuser nicht lange zurückstehen. Die weiße Rose an der Krone Margaretes von York aus dem 15. Jahrhundert etwa trug ein Kreuz aus Diamanten. Im 15. Jahrhundert wurde in den Niederlanden der Facettenschliff erfunden, der nun den Glanz der Steine hervorhob. Allerdings handelte es sich noch nicht um den heutigen Brilliantschliff, sondern die Steine wurden etwas flacher und runder geschliffen, im sogenannten Rosenschliff.

Die Neuzeit

✻ Die Erfahrungen, die im mittelalterlichen Bergbau gesammelt wurden, blieben nicht ohne Wirkung. Bald erschienen die ersten kleinen Anleitungen für den Bergbau, die nun, nach Gutenberg, auch gedruckt werden konnten. Die Steinschneider und -schleifer brachten Anleitungen für ihre Kollegen heraus, ebenso die Apotheker und die Heilkundigen, die Mineralien vorrätig haben wollten. Wie groß die Nachfrage nach Schriften dieser Art war, zeigt sich unter anderem daran, daß sogar Marbods alter Text nun mehrmals wiedergedruckt wurde. Aus dem Erfahrungsschatz der Steinschneider stammt sicher die Beobachtung, daß es sich bei verschieden gefärbten Exemplaren doch um denselben Edelstein handeln konnte: Zum einen machten sie die Erfahrung, daß sich verschiedenfarbige Steine beim Schleifen gleich verhielten, zum anderen versuchten sie selbst, Steine einzufärben, um andere Steinsorten vorzutäuschen, die höher im Preis standen. Heute weiß man, daß die Farben durch sehr geringe Beimischungen von anderen Stoffen bei der Entstehung der Mineralien hervorgerufen werden.

FORSCHER DER RENAISSANCE: AGRICOLA UND PARACELSUS, GESNER Ein Glücksfall für die Geschichte der Mineralogie war das Zusammentreffen von medizinischem und bergmännischem Interesse bei dem Arzt Georgius Agricola (Georg Bauer). Agricola lebte in Chemnitz und Joachimsthal und war daher mit dem Bergbau des Erzgebirges vertraut. Er verfaßte 1546 sein Buch *De natura fossilium* und 1556 sein *De re metallica*. Beide Titel sind aus heutiger Sicht irreführend: »Fossilia« hießen damals noch alle Mineralien, nicht nur die Fossile, und in *De re metallica* geht es nicht nur um die Metalle, sondern allgemein um den Bergbau.

Das Besondere an Agricolas Arbeit besteht vor allem darin, daß er von Magie und Alchemie von vornherein nichts wissen will. Er kritisiert auch die Ärzte und Apotheker, die immer wieder etwas verschreiben, was sie gar nicht richtig kennen. Darum wünscht er sich eine Mineraliensammlung, in der man die echten Stücke kennenlernen kann, und charakterisiert die Mineralien allein nach ihren äußeren Kennzeichen wie Farbe, Durchsichtigkeit, Geschmack, Geruch, Form, Brennbarkeit usw. Um auch zu einer exakten Beschreibung von Steinen aus entfernten Gegenden zu gelangen, läßt er sich von Kaufleuten und Gelehrten Steine mitbringen. Agricolas Theorien zur Entstehung der Gesteine wollen ohne geheimnisvolle Kräfte oder »Seelen« der Steine auskommen. Die Minerale, die sich in Wasser lösen lassen, sind für ihn durch Entzug von Wasser entstanden, diejenigen, die bei Hitze schmelzen, sind durch Kälte in ihrem jetzigen Zustand erstarrt. Die magischen Wirkungen der Mineralien bespricht Agricola äußerst kritisch.

Der Gegenpol zu Agricola ist im Hinblick auf die Alchemie sein Zeitgenosse Paracelsus (eigentlich Philipp Theophrast Bombast von Hohenheim). Auch er war ein Arzt, der viel mit Berg- und Hüttenarbeitern zu tun hatte. Wie Agricola wollte er nicht den überlieferten Wundergeschichten folgen. Sein Schlüssel zu besseren Medikamenten war jedoch die Chemie, die damals ebenfalls die Alchemie umfaßte. Durch Destillieren, Auflösen in Säure, Sublimieren und andere Verfahren versuchte er, reine Stoffe zu erhalten. Dabei ging es hauptsächlich um Metalle und Salze, weniger um Edelsteine. Die Edelsteine erscheinen jedoch in einer kleinen Schrift, den *Magischen Unterweisungen*, in denen Paracelsus allerhand alchemistische Rezepte angibt. Darunter ist ein Verfahren, wie man mit verschiedenen Tinkturen und Pulvern, die zum Teil Gold, Silber, Kupfer, Stahl und Zinn enthalten, aus einem Edelstein achtzig oder neunzig machen kann. Seine alchemistischen Experimente haben der späteren chemischen Analyse der Mineralien den Weg gewiesen.

Der Schweizer Naturkundler Konrad Gesner ist heute vor allem für seine zoologischen und botanischen Forschungen bekannt. Er interessierte sich aber auch für Mineralien, wie seine naturkundliche Sammlung in Zürich und sein kleines Sammelbändchen über Mineralien (1565) zeigen. Übrigens war an diesem Werk *De omni rerum fossilium genere* ebenfalls ein Arzt beteiligt, nämlich Gesners Freund, der Mineraliensammler Johannes Kenntmann.

FÜRSTENSCHMUCK   Auch im 17. Jahrhundert blieben die Edelsteine natürlich begehrter Schmuck der Fürsten, zumal um 1600 in Paris der Brilliantschliff erfunden worden war, der ihren Glanz besonders hervorhob. Es ist sicher kein Zufall, daß eine wichtige Schrift über Mineralien, ebenfalls von einem Arzt verfaßt, am Hofe Kaiser Rudolfs II. in Prag entstand: Rudolf liebte alles Besondere und Seltene, er hatte eine große Wunderkammer mit Steinen, Versteinerungen und Tieren und schmückte sein Schloß mit Einlegearbeiten aus kostbaren Steinen. Sein Leibarzt und Edelsteinberater Anselmus Boëtius von Boodt verfaßte 1609 seine *Gemmarum et lapidum historia*. Es ist das erste Steinbuch, das sich ausführlicher mit der Steinschneiderei befaßt und die Fälschungen und den Edelsteinhandel seiner Zeit beschreibt. Boodt glaubt wie seine Zeitgenossen an die besonderen Wirkungen der Edelsteine, er möchte sie jedoch einschränken: Bestimmte Dinge sind einfach innerhalb der Naturgesetze unmöglich und können daher auch nicht durch Edelsteine bewirkt werden. So kann ein Edelstein niemanden unsichtbar machen, er kann zudem nicht *einen Menschen entweder beliebt oder angenehm/ oder unsichtbar/ oder geschwinde reich machen*. In der Frage, woraus die Edelsteine entstehen, geht Boodt neue Wege, die schon auf moderne Theorien vorausweisen:

Gesner, De omni rerum fossilium genere (1565)
Porträt des Arztes und Naturforschers Kentmann

Gentis Kentmannæ, iusti testatur imago

Phillyridæ, laudes & sine fraude fidem.

Die Vielheit des Wassers ist nicht die Ursache der Durchsichtigkeit, sondern etwas anders / nemblich die genaue Vereinigung der Erden / so in die kleinsten Teile resolviret / und so völlig und genau an einander gefügt worden / daß der daraus bereitete Leib kan durch keinen Weg unterschieden werden daß er einige Luftlöcher oder (atomos) Stäublein in ihm habe. Die genaue Zusammensetzung … ist allein die Ursache aller Durchsichtigkeit / und das / weil das Gesicht in keinerley Weise in demselben sein Ende erreicht. (Anselm von Boodt bei Thomas Nicols, *Edelgesteinbüchlein*, übersetzt von Johann Langen 1675)

NEUE MESSMETHODEN UND ENTDECKUNGEN IM 17. JAHRHUNDERT Im 17. Jahrhundert machte die Wissenschaft mit Gelehrten wie Newton und Huygens große Fortschritte. Die Lichtbrechung wurde wissenschaftlich beschrieben, und Anton van Leuwenhoek entwickelte das Mikroskop, mit dem er nicht nur als erster Mensch Mikroorganismen sah, sondern auch Mineralien erforschte. Das Interesse an der Lichtbrechung führte dazu, daß man das Licht durch Kristalle leitete, um zu sehen, ob dasselbe geschah wie bei einem Glasprisma. So entdeckte der Däne Erasmus Bartholin bei Versuchen mit Doppelspat etwas Erstaunliches: Der Lichtstrahl spaltete sich an diesem Kristall regelmäßig in zwei Strahlen auf, die senkrecht zueinander standen (»Doppelbrechung«). Noch heute kann man diese Erscheinung beim Doppelspat besonders gut beobachten: Wenn man ihn auf eine gemusterte Unterlage legt, erscheint das Muster unter bestimmten Blickwinkeln doppelt. Christian Huygens beschäftigte sich bei seinen Untersuchungen über das Licht mit dieser Entdeckung und fand den Grund für diese Erscheinung: Er schloß, dieser Kristall habe in beide Richtungen eine verschiedene Struktur (»anisotrop«), während etwa Glas in alle Richtungen einheitlich aufgebaut ist (»isotrop«). In eine ähnliche Richtung gingen die Beobachtungen des Dänen Nikolaus Steno (Stensen): Er folgerte aus den parallelen Riefen oder Streifen außen an den Flächen des Bergkristalls, daß dieser Kristall in eine bestimmte Richtung wachse. Die Riefen sind ähnlich wie die Jahresringe eines Baumes die Spuren früherer Wachstumsphasen. Nach dieser Entdeckung fand er noch andere Eigenschaften der Kristalle, die von der Richtung abhingen, etwa die Spaltbarkeit. Bis heute bekannt ist seine Entdeckung der *Winkelkonstanz* beim Bergkristall: Die Kristalle können unterschiedlich groß und unregelmäßig gewachsen sein, aber die Winkel zwischen entsprechenden Flächen, also etwa zwischen den Flächen der Spitze und der Säule, die sie trägt, sind bei allen Bergkristallen gleich groß. Nicht direkt zur Mineralogie gehören die Forschungen des englischen Arztes und Naturforschers William Gilbert über die Kräfte, die von Bernstein und ähnlichen Stoffen ausgehen, wenn man sie reibt. Nach dem griechischen Namen des Bernsteins, »elektron«, nannte er solche Dinge und das Buch, das er 1600 darüber veröffentlichte, *Corpora electrica* (»bernsteinartige Körper«). So erhielt die Elektrizität ihren Namen.

Das Zeitalter der Mineralogie

✺ Nach den wissenschaftlichen Fortschritten des 17. Jahrhunderts war im 18. und beginnenden 19. Jahrhundert das Interesse an Mineralogie und Geologie so groß wie nie. Die Fürsten erhofften sich durch diese Wissenschaft größeren Gewinn, denn Bodenschätze und Bergbau waren zu einer wichtigen Einnahmequelle für den Staat geworden, die dieser nicht mehr wie früher einfach an Privatleute vermietete. Die Zahl und Größe der Edelsteine, die an den Fürstenhöfen verarbeitet wurde, nahm nun ständig zu: Kolonien in Indien und in der Neuen Welt lieferten Steine von nie gekannter Größe. Geschickte Steinschneider schufen daraus einzigartige Kreationen, die teils einen eigenen Namen trugen – so der *Koh-i-noor*, der heute die Krone der englischen Königin ziert, der *Regent*, seit 1698 in der französischen Krone, und der *Orlow-Diamant* im Zepter der russischen Zaren.

Eine wissenschaftliche Erforschung der Erdschichten, die Bodenschätze enthielten, war für die Fürsten daher hochinteressant. So entstanden zahlreiche geologische Beschreibungen beziehungsweise Atlanten bestimmter Gegenden, auf denen die verschiedenen Gesteinsarten genau verzeichnet waren. Wichtig war es in diesem Zusammenhang ebenfalls, Mineralien noch am Fundort schnell zu bestimmen, um entscheiden zu können, ob sich weiteres Graben und Suchen lohnte. Abraham Gottlob Werner von der Bergakademie in Freiberg entwickelte 1774 in seiner Schrift *Von den äußerlichen Kennzeichen der Foßilien* ein System, wie sich anhand von Tabellen jeder Stein recht schnell nur anhand von äußeren Kennzeichen bestimmen ließ; er ließ aber auch die Entdeckungen seiner Zeitgenossen zur chemischen Beschaffenheit der Mineralien und zur Form der Kristalle nicht außer acht und teilte die Mineralien mit ihrer Hilfe in Klassen oder Familien ein. Sein leicht zu handhabendes System wurde ergänzt durch die Systematik von Friedrich Mohs. Geblieben ist von Mohs vor allem der genial einfache Gedanke, die Mineralien in eine

Reihe nach aufsteigender Härte zu ordnen. Um einem Mineral einen Härtegrad zuzuweisen, muß man es nur an einem anderen reiben: Der Stein, der den anderen ritzt, ist härter.

RITZHÄRTETAFEL NACH MOHS

Talk	1	*Feldspat*	6
Gips	2	*Quarz*	7
Calcit	3	*Topas*	8
Fluorit	4	*Korund*	9
Apatit	5	*Diamant*	10

Ein Material, das Feldspat ritzt und seinerseits von Quarz geritzt wird, hat also eine Härte zwischen 6 und 7. Mit den allgemeinen Anhaltspunkten, daß Stufe 1 und 2 mit dem Fingernagel geritzt werden können, Stufe 1 bis 4 mit dem Messer, und daß Materialien ab Stufe 6 Fensterglas ritzen, kommt man schon recht weit. Mohs hat die Härtegrade nicht völlig gleichmäßig verteilt: Zwischen Korund und Diamant liegt ein weit größerer Abstand als selbst zwischen Korund und Quarz.

Auf der anderen Seite hatte die Erkenntnis Nikolaus Stenos, daß ein Kristall seine ganz typische Form mit unverkennbaren Winkeln hat, einen großen Forscherdrang angestoßen, die verschiedenen Mineralien nach ihren Kristallformen zu beschreiben. Der Franzose Romé de l'Isle benutzte für seinen *Essai de Cristallographie* 1772 als erster einen speziellen Winkelmesser, das »Goniometer«, um die verschiedenen Kristalle zu vermessen. Er stellte fest, daß wirklich jede Art ihre speziellen Winkel hat. Sein Landmann René Just Haüy nahm daraufhin an, daß jedes Mineral nur eine Kristallform haben könne und daß dies an der Form seiner kleinsten Teilchen, der Moleküle oder Atome, läge – ähnlich wie man etwa aus eckigen Bausteinen keine Kugel bauen kann. Um die verschiedenen Kristallformen einheitlich beschreiben zu können, führte Christian S. Weiß ein Koordinatensystem mit verschiedenen Achsen ein.

Alle diese Erkenntnisse bedeuteten einen Bruch mit der Art der Beschreibung, wie Carl von Linné sie in seinem *Systema naturae* (1735) noch betrieben hatte. Linné sieht das Wachstum von Tieren, Pflanzen und Mineralien von den gleichen Gesetzen bestimmt. Dabei besteht eine Pflanze aber nicht aus lauter gleichartigen Teilchen, die schon ihre endgültige Form vorgeben. Linnés System, das bei den Pflanzen wissenschaftlich so wertvoll und erfolgreich war, ließ sich daher nicht auf die Mineralien übertragen.

De L'Isle, Cristallographie (1783)
Verschiedene Kristallformen

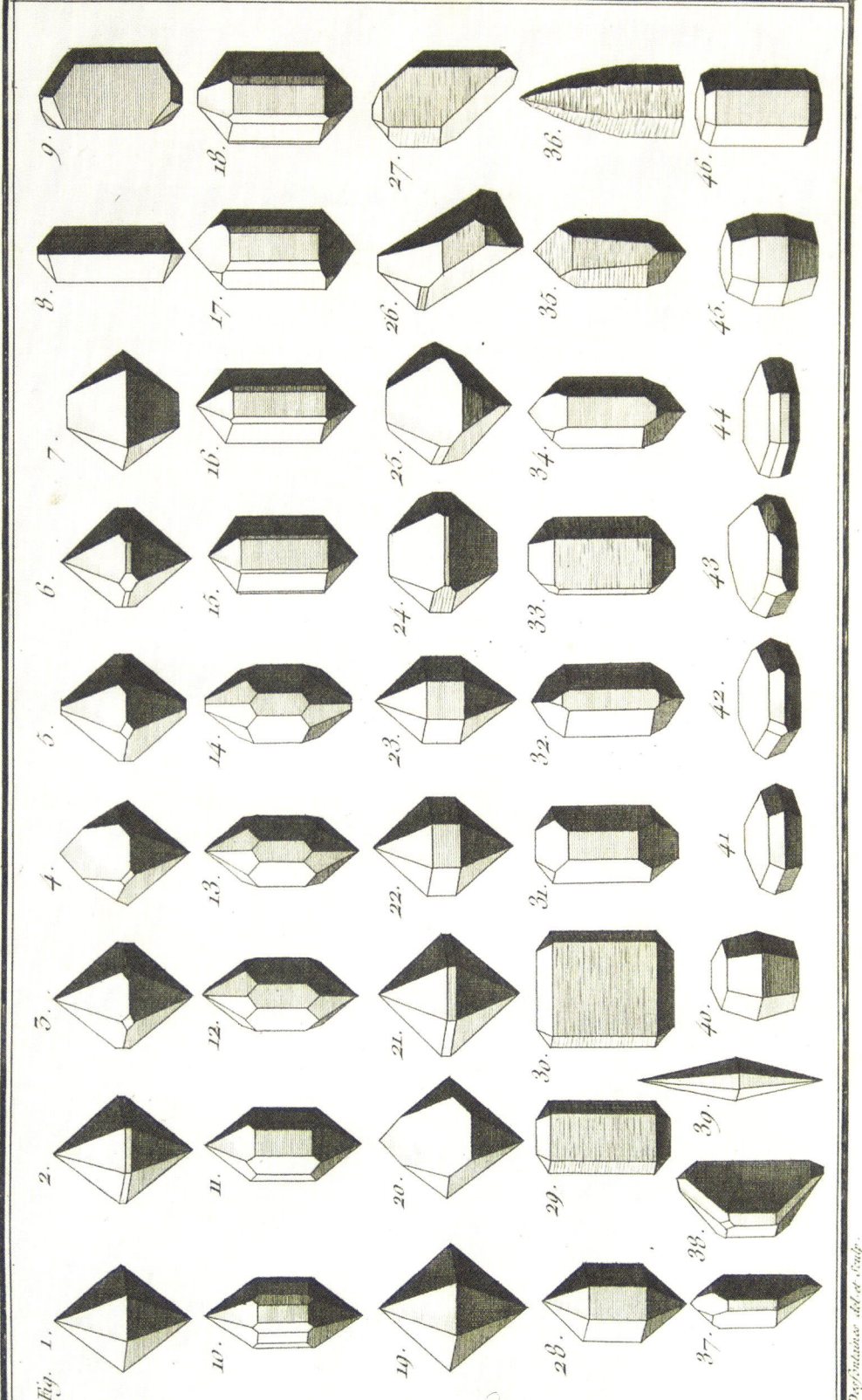

Wichtig für die Mineralogie waren dagegen die Fortschritte der Chemie: Mit Lötkolben oder durch Lösungen wurden nun erstmals Mineralien im Hinblick auf ihre Zusammensetzung untersucht. Auch der Prozeß, wie sich Kristalle formen, wurde am Beispiel von Salzlösungen und Salzen genauer erforscht: In einer gesättigten Lösung bildet sich um einen winzigen Kristallkern Schicht um Schicht des gleichen Stoffs, immer entlang bestimmter Ebenen, die der Kern schon vorgibt. Es entstand eine erste Aufteilung der Mineralien nach ihrer Zusammensetzung, die im Laufe der Zeit noch erweitert und verändert wurde. Heute teilt man sie in neun Klassen auf:

Hamilton, Campi Phlegraei (1776) Tuffstein mit Muscheln und Holz

DIE NEUN KLASSEN DER MINERALIEN
1. Klasse: Elemente, z.B. Diamant / 2. Klasse: Sulfide und Schwefelsalze, Verbindungen mit Schwefel, z.B. Bleiglanz, Zinkblende, Pyrit, Markasit, Auripigment / 3. Klasse: Halogenide und Salze: z.B. Steinsalz, Fluorit, Flußspat / 4. Klasse: Oxide und Hydroxide, Verbindungen mit Sauerstoff, z.B. Korund, Hämatit, Bergkristall, Amethyst, Rosenquarz, Rauchquarz, Citrin / 5. Klasse: Sauerstoffsalze mit drei Sauerstoffatomen (O_3), z.B. Azurit, Malachit / 6 und 7. Klasse: Sauerstoffsalze mit vier Sauerstoffatomen (O_4), z.B. Türkis, Gips, Apatit / 8. Klasse: Silikate, Verbindungen mit dem Element Silizium, z.B. Zirkon, Jadeit, Beryll, Turmalin / 9. Klasse: Organische Verbindungen, Verbindungen mit Kohlenstoff, z.B. Bernstein.

In die Zeit dieser Entdeckungen fiel auch die Erkenntnis, woher die »Bilder« in verschiedenen Steinen kommen. In den zwanziger Jahren des 18. Jahrhunderts erkannte man, daß die schönen Verästelungen in Steinen nichts mit dem Pflanzenwachstum zu tun haben und daß die Fossilien nicht so gewachsen sind wie Kristalle, sondern aus echten Tieren und Pflanzen entstanden sind. Die Fossilien von Muscheln und Fischen auf hohen Bergen wurden nun als »Beweise für die Sintflut« gedeutet. Nach den großen Fortschritten der Wissenschaft erscheint dies seltsam, doch selbst nach Newton nahm man noch allgemein an, die Welt sei ziemlich genau 6000 Jahre alt, und historische Zeitangaben wurden manchmal mit »nach der Sintflut« angegeben. Erst der Naturforscher Graf Georges Louis Leclerc von Buffon folgerte aus den Fossilien und den Erdschichten, daß die Erde weit älter sein müsse, und vermutete in seinem Werk *Epochen der Natur* (1778) sogar schon, daß die feste Erdkruste aus flüssiger Lava entstanden sei. Weitere Gesteine hätten sich dann durch Kristallisation und Sedimentation in den Ur-Ozeanen gebildet. Das Alter der Erde schätzte er auf etwa 75 000 Jahre.

Die Begeisterung für die Mineralogie oder »Oryktognosie« (griech. »oros« – Berg; »gnosis« – Erkenntnis), wie man sie nun nannte, ging aber weit über die reine Wissenschaft hinaus. Es wurden Mineralogische Gesellschaften gegründet, in Leipzig erschien sogar eine Zeitschrift mit dem schönen Titel *Mineralogische Belustigungen* für den Hobby-Mineralogen. Fürsten ließen ihre Mineralienkabinette von Wissenschaftlern auf den neuesten Stand bringen und zum Teil prachtvolle Kataloge mit den Bildern der verschiedenen Mineralien veröffentlichen. Der romantische Dichter Novalis (Friedrich von Hardenberg), im Hauptberuf Beamter im sächsisch-thüringischen Erzbergbau, verwendet das Bild der Mineraliensuche in seinem Roman *Heinrich von Ofterdingen* (1802) als Bild für das Leben und für die Suche nach dem Kern der Dinge in sich selbst. Wie der Bergmann in die Stollen geht, soll der Mensch in seine eigenen Tiefen vorstoßen. In einer Episode des Romans findet ein verliebter Jüngling einen »kostbaren Karfunkel«, der ihn zu einem Gedicht inspiriert:

Es liegt dem Stein ein rätselhaftes Zeichen
Tief eingegraben in sein glühend Blut,
Er ist mit einem Herzen zu vergleichen,
In dem das Bild der Unbekannten ruht.
Man sieht um jenen tausend Funken streichen,
Um dieses woget eine lichte Flut.
In jenem liegt des Glanzes Licht begraben,
Wird dieses auch das Herz des Herzens haben?

Auch die Wiederentdeckung von Pompeji 1748 trug sicherlich zur Begeisterung für die Geologie bei. Der britische Lord Hamilton konnte es sich leisten, sich die Ausgrabungen vor Ort anzusehen, und ließ nicht nur Pompeji, sondern auch den Vulkan und seine eigene Sammlung vulkanischer Gesteine in prachtvollen Kupferstichen verewigen.

Obwohl im 19. Jahrhundert die Begeisterung für die Mineralogie nicht auf der gleichen Höhe blieb, wurde sie doch nicht vernachlässigt. In der Vorstellung der Zeit von Allgemeinbildung hingen die Kunde vom Tier-, Pflanzen- und Mineralreich eng zusammen und beschrieben gemeinsam die Welt. So erschienen gleich mehrere Bücher mit Titeln wie *Naturgeschichte der drei Reiche*, die Tiere, Pflanzen und Mineralien in Stahlstichen vorstellen. Erst mit dem 20. Jahrhundert wurden aus den »drei Reichen« die Naturwissenschaften der Chemie, Biologie und Physik, von denen die Mineralogie nur einen kleinen Teil ausmacht.

DIE MODERNE MINERALOGIE Durch neue Entdeckungen im 19. Jahrhundert wurden manche Forschungsrichtungen der Mineralogie gefördert, andere Erkenntnisse mußten revidiert werden. So stellte sich heraus, daß nicht jede chemische Verbindung nur genau eine Kristallform hervorbringen konnte. Abhängig von Druck, Wärme und anderen Bedingungen gab es manchmal zwei verschiedene Minerale, die dieselbe chemische Zusammensetzung hatten. Damit geriet die Vorstellung, daß jede Kristallform durch die Form ihrer kleinsten Bausteine bedingt sei, ins Wanken. Auch die Beobachtung, daß sich Kristalle komprimieren lassen, sprach dagegen. Dank der Fortschritte in der Physik und Chemie begann man, sich die Kristalle als »Gitterstrukturen« vorzustellen. Überhaupt erkannte man, daß im Grunde jeder Festkörper eine Kristallstruktur hat. Körper mit einer »amorphen« Struktur wie Glas sind nicht völlig fest und können immer noch kristallisieren.

Kristalle bestanden nun nicht mehr nur aus Atomen oder Molekülen, sondern aus einer bestimmten Gitterstruktur aus mehreren Atomen, die sich ständig wiederholt. Eine solche Gitterstruktur kann man auch zusammendrücken, was die Elastizität der Kristalle erklärt. Unter bestimmten Bedingungen kann sich aus denselben Grundbausteinen eine andere Gitterstruktur bilden, was dann eine unterschiedliche Form des Kristalls hervorruft. Wenn sich Kristalle langsam bilden, lagert sich zum Beispiel immer eine kleinste Einheit neben der anderen an, bis eine Ebene vollständig ist. Erst danach wächst die nächste Ebene, wie schon Steno an den Streifen des Bergkristalls erkannte. Durch Änderungen von Druck und Temperatur kann man den Prozeß der Kristallisation beeinflussen und andere Kristalle hervorrufen. So bestehen etwa Diamanten und Graphit aus denselben chemischen Bestandteilen, die jedoch unterschiedlich kristallisiert sind.

Nach der Entdeckung der Röntgenstrahlen konnte man Kristalle genauer untersuchen und anhand der Ablenkung der Strahlen bestätigen, daß es sich wirklich um eine Art »Gitter« aus Atomen handelt. Aus der Art der Gitter konnte man nun auch die Eigenschaften der Mineralien ableiten und erklären: So bewirkt eine sehr geringe Zahl von Elektronen, die zwischen den Atomen im Gitter umherschwirren, daß das Licht ungehindert passieren kann. Der Kristall ist in diesem Fall durchsichtig – es sei denn, die Kristalle sind nachher durch Druck miteinander verfilzt, wie beim Achat, dann ist der Stein nur durchscheinend. Auch die Ausrichtung der Kristalle, ihre Elastizität und Härte konnten durch verschiedenartige Gitterstrukturen erklärt werden. In Metallen zum Beispiel lassen sich die Gitterteile leicht aneinander entlangschieben, sie sind daher sehr biegsam und formbar.

Zunächst nur zu reinen Forschungszwecken begann man, Edelsteine künstlich herzustellen: Wenn man durch hohen Druck aus Kohlenstoff einen Diamanten machen konnte, so war seine Zusammensetzung aus reinem Kohlenstoff bewiesen, und man konnte nun die verschiedenen Bedingungen der Kristallisation verändern, um herauszufinden, wie das die Kristallbildung beeinflußt. Schon 1890 wurde von dem Chemiker Auguste Verneuil der erste künstliche Rubin hergestellt. Erst später erlangte die synthetische Herstellung von Steinen Bedeutung für die Industrie. Heute kommt ein Großteil der kleinen Diamanten, die zum Schleifen und Bohren oder zu anderen industriellen Zwecken verwendet werden, aus der Synthese. Besondere Bedeutung erhielt auch eine andere Eigenschaft bestimmter Kristalle: Die Halbleiter leiten bei bestimmten Temperaturen elektrischen Strom, bei anderen Temperaturen jedoch nicht. Heute kommt kein Computer ohne den Halbleiter Silizium aus, in Zukunft sollen auch Diamanten auf ähnliche Weise eingesetzt werden.

EDELSTEINE – EINE MAGISCHE GESCHICHTE Ein weiter Weg führt von dem geheimnisvollen »Adamanten«, den man nur mit frischem Bocksblut sprengen kann, zum synthetischen Industriediamanten von heute. Sicherlich sind die meisten Menschen froh, daß sie sich bei einer blutenden Wunde nicht auf einen Hämatit verlassen und ihre Zähne nicht mit Schmirgel putzen müssen. Und doch, wenn man einen der schönen Steine in der Hand hat, sind die Zeiten, in denen sie Wunder wirkten, plötzlich wieder gegenwärtig. Unser modernes Wissen über Edelsteine hindert uns ebensowenig wie den Bergbaubeamten Novalis, in einem schönen Stein ein »rätselhaftes Zeichen« oder das Herz einer geliebten Person zu erkennen. Novalis hat sich seine jugendliche Begeisterung für die Steine und ihre Botschaft auch nach seinem mineralogischen Studium in Freiberg bewahrt. Insofern sollte es für heutige Menschen ebenfalls möglich sein, daß die Schönheit der Steine sie neugierig in alle Richtungen macht: Auf ihre Herkunft, ihre Zusammensetzung, ihre Geschichte und ihre Symbolik.

DIE STEINE

Achat

Der Achat fasziniert mit seinen weichen, verlaufenden Mustern in verschiedenen Farben, die oft ganze Szenerien zu bilden scheinen. Er gehört zu den ersten Steinen, aus denen Bilder und Muster geschnitten wurden, die sich in seinen mehrfarbigen Schichten reizvoll abheben.

Der Achat gehört zu den Quarzen, wie zum Beispiel auch Bergkristall, und zwar zur Unterart der Chalzedone. Seine chemische Formel ist SiO_2, das heißt, als Siliziumoxid gehört er in die vierte Klasse der Minerale. Weil seine Kristalle besonders klein sind, ist er nicht durchsichtig, sondern nur durchscheinend und schimmert wie Wachs. Diese Eigenschaft teilt er mit anderen Unterarten des Chalzedons, wie dem Prasem und dem Jaspis. Die verschiedenfarbigen Lagen im Achat entstehen durch die Wachstumsphasen des Steins. Achate bilden sich in Hohlräumen im umgebenden Gestein von außen nach innen. Man findet sie besonders in Vulkangegenden, in Deutschland in der Gegend um Idar-Oberstein. Die größten Achate kommen heute aus Brasilien.

Bei den Römern war der Achat als Siegelstein beliebt, außerdem wurden aus diesem Stein Gefäße herausgeschliffen. Seinen Namen hat er von dem Fluß Achates (heute wahrscheinlich der Carabi oder der Cannitello) auf Sizilien, wo er damals gefunden wurde. Schon in der Antike erregten die Bilder, die man im Achat erkennen konnte, Erstaunen. Vielleicht kommt daher die Vorstellung, daß ein Achat neben dem Bett abwechslungsreiche Traumbilder hervorruft. Achate standen außerdem in dem Ruf, gegen Skorpionbisse zu helfen. Dies sagen schon Plinius, Marbod und Hildegard, und noch Adam Lonitzer schreibt im 16. Jahrhundert: *Achates ist gut zu deß Scorpions Bissz / darauf gebunden oder aufgerichtet / mit Wasser / nimmt alsbald den Schmerz hinweg. Gestossen auf die Wunden gelegt / oder im Tranck mit Wein gegeben / heilet er der Schlangen Bissz.* Die Heilkundigen des Mittelalters sind sich einig, daß der Achat gegen Durst hilft, wenn man ihn in den Mund nimmt. Dazu trug vielleicht die glatte, kühle Oberfläche des Steins bei. In den Mund nehmen soll man den Achat auch, um ein gewandter Redner zu werden. Dazu genügt es aber vielleicht, ihn in der Tasche zu tragen.

In der christlichen Tradition gehört der Achat zu den Steinen im Brustschild des Hohepriesters. Er repräsentierte dort den Stamm Afer.

Buc'hoz,
Centurie des planches
(1777–1781)
Achat

Amethyst

Der Amethyst ist einer der bekanntesten Edelsteine. Während er heute in keiner Mineraliensammlung fehlen darf, war er in Antike und Mittelalter selten und geschätzt wie Smaragde und Rubine. Sein Name verrät schon, welche besondere Kraft ihm seit der Antike zugemessen wird: »a-methystos« klingt auf griechisch wie »nicht-betrunken«, obwohl das Wort wohl eigentlich auf die Weinfarbe des Steins hinweist.

Amethyst nennt man die violette Variante des Quarzes (SiO_2), bei der man die Kristalle mit bloßem Auge erkennen kann (»phanerokristallin«), er gehört also zur selben Familie wie Bergkristall und Rosenquarz. Seine Farbe verdankt der Amethyst Spuren von Eisen, die sich unter einer in der Natur vorkommenden Bestrahlung verfärbt haben. Während Amethyste früher sehr selten waren, findet man sie heute in Brasilien in großen Mengen – einmal fand man sogar eine Höhlung im Gestein, die 70 Tonnen Amethyst enthielt.

Der Amethyst sollte vor Trunkenheit schützen und überhaupt einen nüchternen, enthaltsamen Lebenswandel fördern. Deshalb ziert er schon seit dem 6. Jahrhundert die Ringe der Kardinäle. Die Römer bauten schon Amethyste an der Nahe um Idar-Oberstein ab, heute lohnt sich ein Abbau dort nicht mehr. Zur Zeit des Bischofs Marbod im 11. Jahrhundert scheinen Amethyste nicht mehr so selten gewesen zu sein, doch kann es sein, daß er auch andere Steine unter diesen Namen rechnet. Er sagt, daß der Amethyst aus gutem Grund als letzter Stein in der Mauer des Himmlischen Jerusalems aufgezählt wird: Er verkörpert dort die höchste Tugend, nämlich die der Menschen, für ihre Feinde zu beten. Traditionell steht er dort ebenfalls für den Apostel Matthias.

Von der besonderen Wertschätzung des Amethysts im Mittelalter zeugt neben zahlreichem Kirchenschmuck und etwa dem deutschen Reichskreuz die Weltkugel, die in den Kronschatz von England gehört.

Buc'hoz,
Centurie des planches
(1777–1781)
Amethyst

Ammonit (Ammonshorn)

Die schöne Kreisform der Ammoniten zog schon die Aufmerksamkeit der Menschen auf sich, als man noch nichts von Versteinerungen wußte. Lange Zeit dachte man, die Natur selbst brächte solche Bilder aus sich hervor.

Ammoniten sind urzeitliche Kopffüßler, die ausgestorben sind. Heute gibt es als ähnliche Arten noch das Perlboot oder den Nautilus, einen Tintenfisch, der ein schneckenförmiges Gehäuse trägt. In der Kreidezeit, aber mehr noch vorher im Trias und im Jura (vor 248 bis 144 Millionen Jahren) war das Meer erfüllt mit vielen verschiedenen Arten der Ammoniten. Manche konnten bis zu zweieinhalb Meter groß werden. Ihre Gehäuse haben sich im Muschelkalk erhalten und gehören zu den häufigsten Fossilien aus diesen Erdzeitaltern. Der Name »Ammonit« kommt vom ägyptischen Gott Ammon, der mit gedrehten Widderhörnern dargestellt wurde.

Der Römer Plinius sagt über die Ammoniten: *Das Ammonshorn zählt unter die heiligsten Edelsteine Äthiopiens, es gibt in goldener Farbe das Bild eines Widderhorns wieder, und man sagt von ihm, daß es wahrsagende Träume eingebe.*

Der mittelalterliche Gelehrte Albertus Magnus führt in seinem Buch über die Mineralien verschiedene Beispiele für Bilder, die aus Steinen entstanden sind, auf. Im Schwabenland sah er einen Stein, auf dem sich mehr als fünfzig Schlangen versammelt hatten: *Unter dem Kopf der Schlange fand sich ein schwarzer Stein, in der Form einer abgeschnittenen Pyramide, nicht durchsichtig, mit einem Umkreis von blasser Farbe, in den eine wunderschöne Schlange eingeschrieben war.*

Es könnte sein, daß Albertus einen Ammoniten für eine aufgerollte Schlange gehalten hat.

An die Ammoniten knüpfen sich viele verschiedene Aberglauben: Manche hielten den Stein für die Versteinerung einer aufgerollten Schlange und nannten ihn deshalb Drachenstein, in anderen Gegenden galt er als Abdruck der Sonne oder des Mondes im Stein, je nachdem, ob er mit goldenen Adern von Schwefelkies (Pyrit) durchzogen war oder noch Perlmuttreste an sich hatte, die an den Mond erinnerten. In der Oberpfalz dagegen nahm man an, es handele sich um Spuren, die die Hexen beim Tanzen im Stein hinterlassen hätten.

Mineralogische Belustigungen (1768)
Ammonit

Mineral Belust.II.Th.2.S.429.

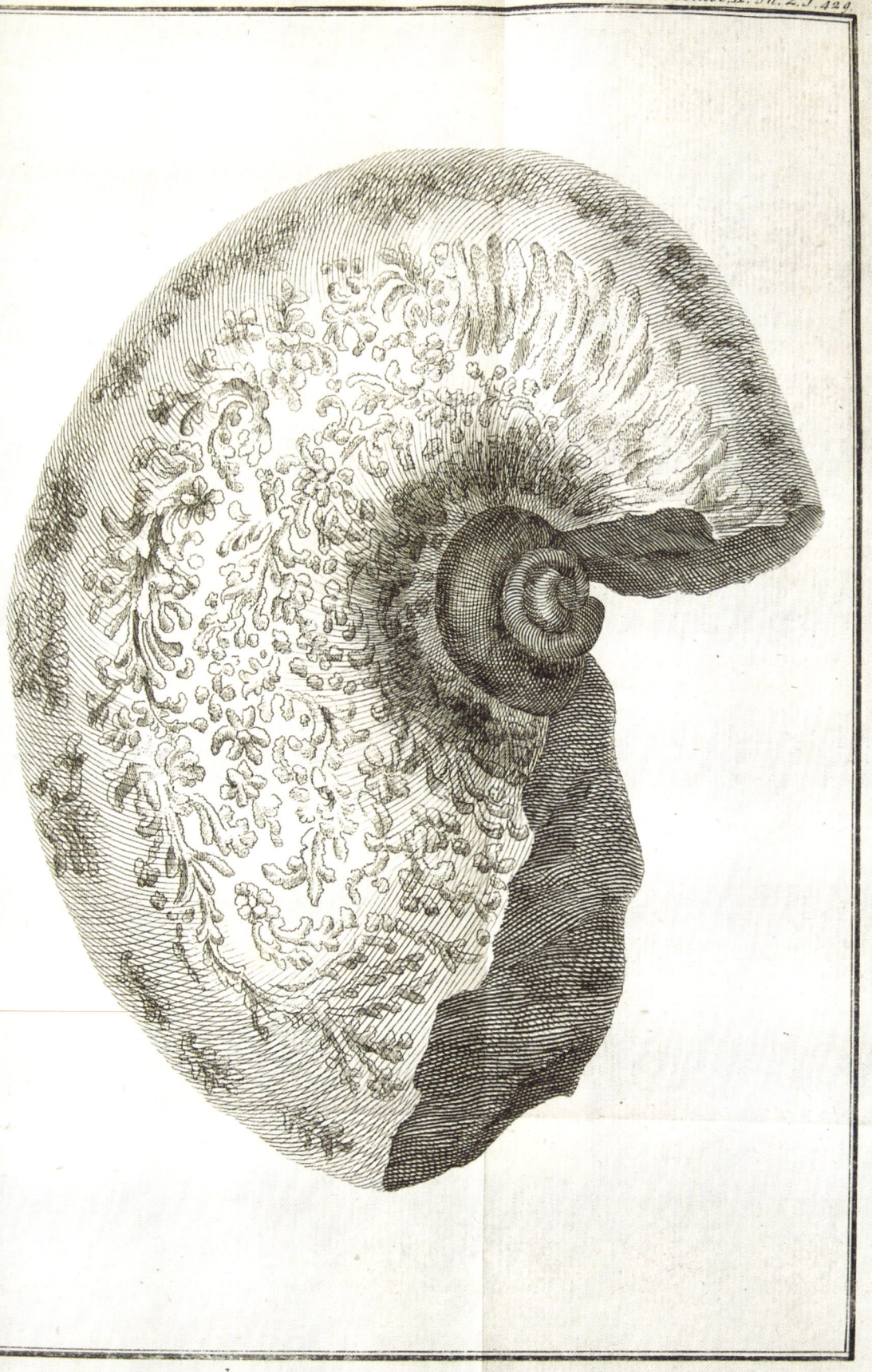

Aquamarin

Der Aquamarin ist wie der Smaragd eine Unterart des Berylls. Er unterscheidet sich durch seine hellblaue bis grünblaue Farbe. Auf diese Farbe deutet auch sein Name: lateinisch »aqua«: Wasser; »marina«: zum Meer gehörig.

Die bläuliche Farbe des Aquamarins entsteht durch Spuren von zweiwertigem Eisen. Er bildet sich wie Rosenquarz, Topas und Turmalin in einer zweiten Phase der Kristallisation von Magma, bei langsamer Abkühlung der glühenden Masse unter hohem Druck. Der Aquamarin ist nicht so selten wie der Smaragd, man findet ihn von Nordirland über Brasilien bis nach Madagaskar, Südafrika und Australien. Er wird auch in großen Kristallen gefunden – der größte gefundene Stein stammt aus Minas Gerais in Brasilien und wiegt 110 Kilogramm.

Der Aquamarin als spezielle Form des Berylls hat erst spät seinen Namen erhalten. Bei Adam Lonitzer heißt es über den Beryll noch: *Die besten seynd / welche deß lauteren Meersfarb haben*, das heißt, die Aquamarine.

Wegen ihrer Farbe brachte man die Aquamarine mit dem Meer und dem Wasser in Verbindung. Sie sollen zum Schatz der Meerjungfrauen gehören und ihre Kräfte besonders im Wasser entfalten. Daher legte man die Steine ins Wasser und trank dieses anschließend gegen Schluckauf, geschwollenen Hals und Halsentzündungen.

*Kenngott,
Naturgeschichte des
Mineralreichs
(1888)
Blaugrüner Beryll
(Aquamarin)*

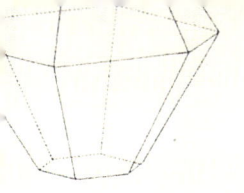
12. Korund
ragon Pyramide
nbiniert mit den
Basisflächen.

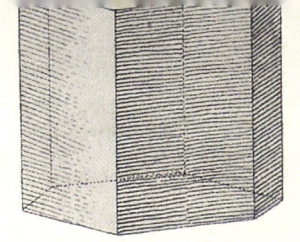
13. Gemeiner Korund.

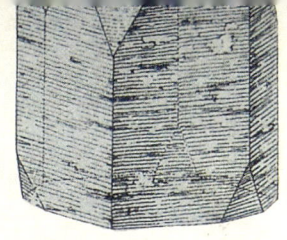
14. Gemeiner Korund
unrein blau gefärbt

15. Rubin.

16. Sapphir.

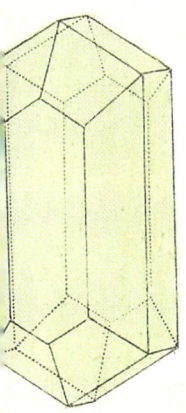
18. Blaßgrüner
Chrysoberyll.

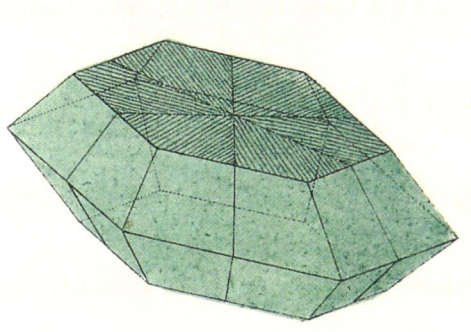
19. Alexandrit.

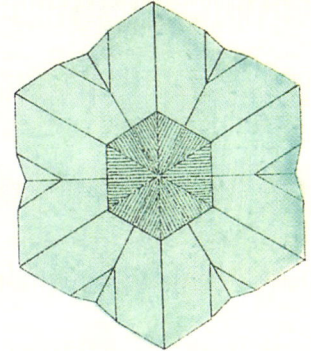
20. Alexandrit.

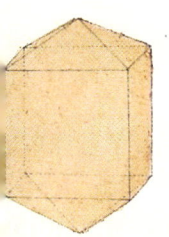
24. Brauner
Zirkon.

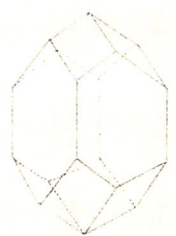
25. Zirkonkrystall.

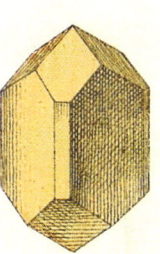
26. Hyacinth vom
Ilmensee.

27. Hyacinth
von Ceylon.

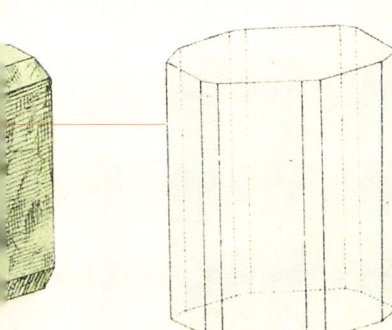
30. Bläulichgrüner Beryll
(Aquamarin) aus dem
Ilmengebirge.

iner
Grönland.

31. Hochgrüner Smaragd
aus Columbien.

32. Smaragd geschliffen
aus Aegypten.

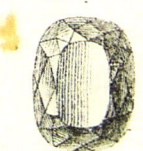
33. Beryll geschliffen
aus Sibirien.

Belemnit (Donnerkeil)

Der Belemnit ist ein röhrenförmiges, spitz zulaufendes Fossil, das man früher für den Donnerkeil der Götter hielt: Sie sollten es bei Gewitter mit dem Blitz vom Himmel geschleudert haben. Noch heute wird zu den am Strand gefundenen Belemniten erzählt, es handele sich um Röhren aus geschmolzenem Sand, die bei Blitzeinschlägen entstünden.

Belemniten sind Fossilien der Gehäuse von urzeitlichen Tintenfischen, die nach der Kreidezeit ausgestorben sind. Für diese Zeit vor 144 bis 65 Millionen Jahren gelten sie als Leitfossilien, mit deren Hilfe man eine geologische Schicht datieren kann. Sie sind meist 5 bis 15 Zentimeter lang, können aber auch bis zu einem halben Meter lang werden. Belemniten sind vor allem in Kreidefelsen, die durch Verdichtung von Meeressedimenten entstanden sind, enthalten. Dort werden sie leicht wieder ausgewaschen und finden sich dann am Strand. Der Name »Belemnites« stammt aus dem Griechischen und kommt von »bélemnos«, Blitz, Geschoß.

Einen Belemniten zu finden, bringt Glück: Er schützt bei Gewitter vor Blitzschlag, wenn man ihn auf die Fensterbank oder auf den Tisch legt. Da er von Göttern oder anderen mächtigen Wesen, Elfen oder Teufeln geschleudert wurde, hat der Belemnit besondere Macht, wenn man ihn umhängt. Er heilt Seitenstechen und Rippenfellentzündungen, Unfruchtbarkeit, Blasenkrankheiten und Nierensteine, schützt stillende Mütter vor plötzlichem Erschrecken, das ihnen die Milch verderben könnte. Das abgeschabte Pulver des Belemniten wurde ebenfalls als Heilmittel eingesetzt: Man gab es kranken Kindern und benutzte es zur Heilung von Wunden.

Wegen seiner gelblichen Farbe und weil er beim Reiben einen unangenehmen Geruch abgibt, hielten einige Ärzte den Belemniten für den »Lingurius« oder Luchsstein, von dem seit der Antike die Rede ist: ein Stein mit wundersamen Kräften, der angeblich entsteht, wenn der Luchs seinen Urin im Sand vergräbt.

Bauhin,
De Lapidibus (1600)
Belemniten

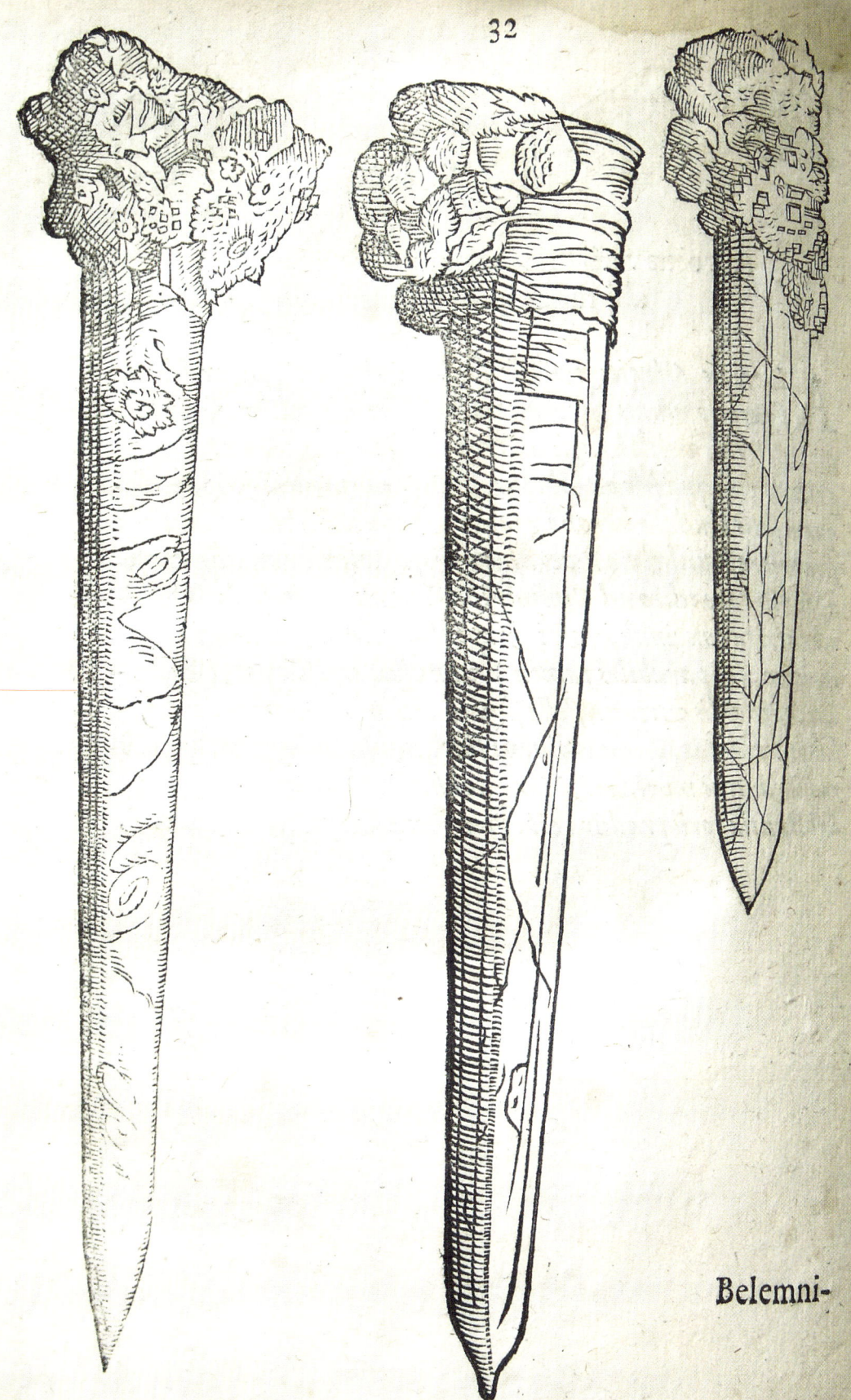

Belemni-

Bergkristall

Als besonders großer und klarer Kristall ist der Bergkristall das Symbol der Reinheit und Lauterkeit, außerdem der Engel und – wegen seiner Ähnlichkeit mit Wasser – der Taufe.

Bergkristall ist reiner Quarz in großen Kristallen, ohne Stoffe, die ihn färben. Wenn dieselbe chemische Verbindung (SiO_2) noch Farben enthält, bekommt sie andere Namen wie Rosenquarz, Rauchquarz oder Amethyst. Die sechsseitigen Säulen mit ihrer Spitze sind der Inbegriff des Kristalls, an ihnen entdeckten die Naturforscher die Winkelkonstanz der Kristalle, und der Name »Kristall« für solche regelmäßigen Formen stammt vom Bergkristall. Da die verschiedenen Quarzkristalle recht häufig vorkommen und typisch sind, hat Mohs sie als Bezugspunkt für seine Härteskala gewählt: Der Bergkristall hat auf dieser Skala eine Härte von genau 7. Bergkristalle werden an vielen Orten der Welt gefunden, bekannt sind die schönen Bergkristalle der Alpen.

Der griechische Name »krystallos« bezeichnet zugleich den Bergkristall und das Eis, und bei den Griechen war der Glaube verbreitet, beim Bergkristall handele es sich um eine Art verdichtetes oder versteinertes Eis. Als Bestätigung dafür sah man die Tatsache, daß Bergkristall in den Alpen, also in Bergen voller Schnee, gefunden wurde, sowie die Erscheinung, daß Bergkristall sich – wegen seiner höheren Dichte – nicht so schnell erwärmt wie Glas. Dies war ein Grund, warum man in der Römerzeit prachtvolle Pokale aus ihm schliff. Große Kristalle wurden schon damals gefunden: Plinius erwähnt, daß Livia, die Frau des römischen Kaisers Augustus, dem Tempel auf dem Kapitol einen Bergkristall von 150 römischen Pfund (etwa 50 Kilogramm) geschenkt habe.

Zudem stiftete der Bergkristall Wärme beziehungsweise Feuer: Bergkristallkugeln wurden als Brennglas benutzt, nicht nur, um Feuer zu entzünden, sondern auch, um Wunden auf hygienische Art auszubrennen – fast schon ein Vorläufer der Laseroperationen!

Im Mittelalter wurden Behältnisse aus Bergkristall oft eingesetzt, um Reliquien kostbar aufzubewahren und sie zugleich den Gläubigen sichtbar zu präsentieren. Natürlich sollte der Stein auch Heilkräfte haben: Marbod von Rennes empfiehlt ihn als Pulver mit Wasser und Honig verabreicht, um den Milchfluß bei stillenden Müttern zu fördern, Hildegard von Bingen gegen Halskrankheiten.

Buc'hoz,
Centurie des planches
(1777–1781)
Bergkristall

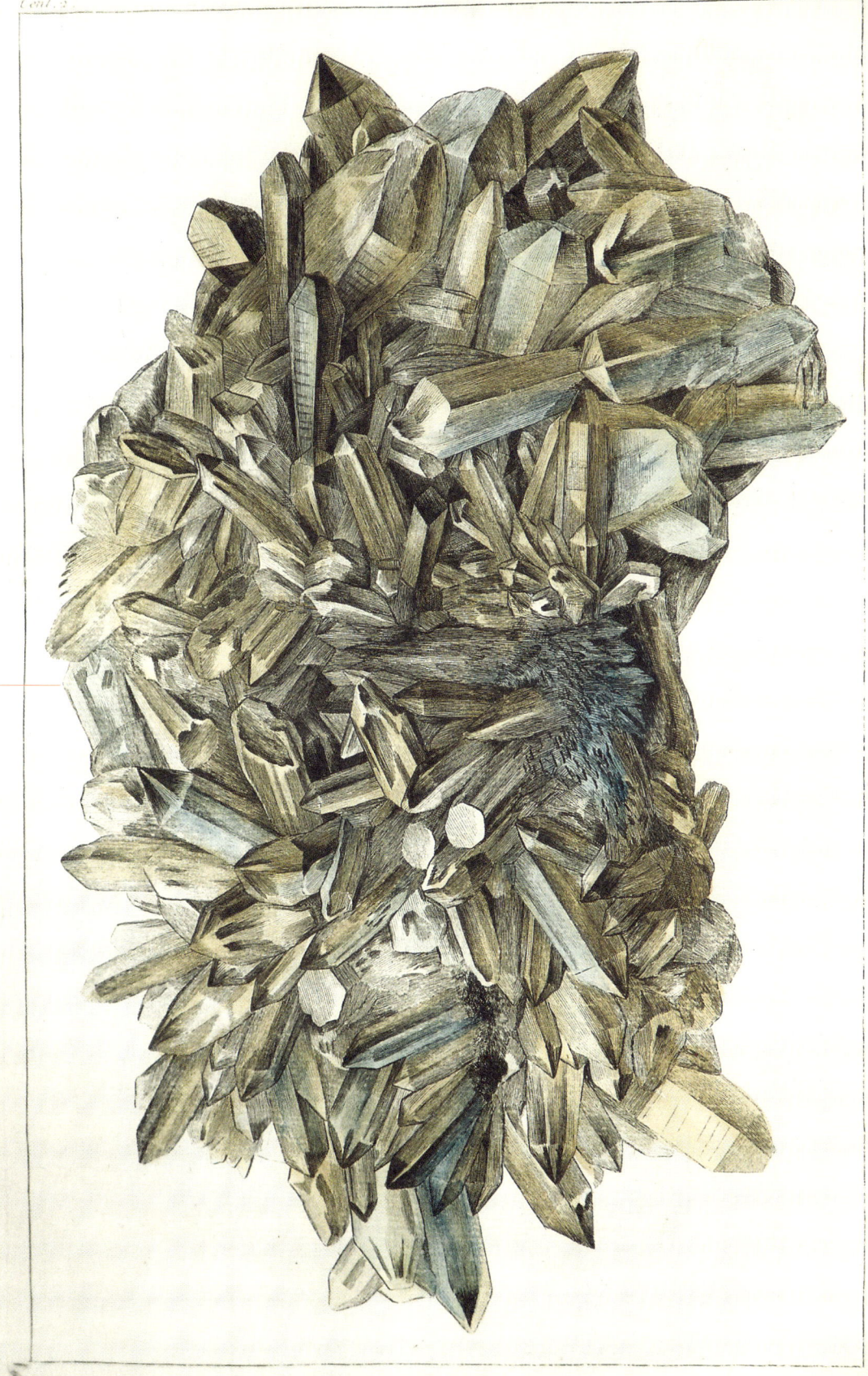

Dec. 3. Pl. II.

Bernstein

Die sonnige Farbe des Bernsteins, seine geringe Härte und nicht zuletzt seine »magische« Eigenschaft, kleine Strohstücke anzuziehen, nachdem man ihn gerieben hat, sicherten diesem Fossil schon immer eine Sonderstellung unter den Edelsteinen. Der Bernstein soll vor allen bösen Einflüssen, Krankheiten wie Dämonen, schützen.

Der Bernstein ist im strengen Sinne kein Mineral, denn er entstand aus dem Harz vorzeitlicher Bäume, das sich im Meerwasser und unter dem Druck der Eiszeiten über Jahrmillionen immer weiter verfestigte. Im Harz eingeschlossene Insekten und Pflanzenteile (»Inklusen«) stammen aus der Zeit seiner Entstehung und sind heute wichtige archäologische Zeugnisse. Während in Europa vor allem die Bernsteinvorkommen der Nord- und Ostsee bekannt sind, gibt es Bernstein an vielen Stellen der Welt, an denen ähnliche Bedingungen herrschten. In Europa sind archäologisch die Funde aus Sizilien interessant; weltweit erregten Funde aus der Dominikanischen Republik und aus Borneo Aufsehen. Bernstein ist nur wenig schwerer als Wasser und wird daher von den Meereswellen mitgerissen und an den Strand gespült. Im Vergleich zu anderen Edelsteinen ist er nicht besonders hart (Härte 2–3) und läßt sich daher schon mit geringen technischen Mitteln bearbeiten.

Kenngott, Naturgeschichte des Mineralreichs (1888) Bernstein mit eingeschlossenen Insekten

Schon die Jäger der Eiszeit trugen Bernsteinschmuck, wahrscheinlich als Amulett, wie Funde aus der Gegend von Hamburg zeigen. Eine durchbohrte Bernsteinscheibe und ein Anhänger mit einem eingeritzten Pferdekopf wurden dort gefunden, beide sind über 10 000 Jahre alt.
Zum Bernstein gehört eine der schönsten antiken Sagen um einen Edelstein: Als der Sonnengott seinen Sonnenwagen eines Tages an einen jungen, unerfahrenen Fahrer namens Phaeton auslieh, gingen diesem die Pferde durch, und er stürzte brennend am Rand der Welt in einen Fluß. Die Schwestern des unglücklichen Fahrers saßen so lange weinend am Fluß, um ihn zu betrauern, bis sie sich in Pappeln verwandelten. Ihre Tränen wurden zu goldenem Harz, das als Bernstein in den Fluß fiel.
Der Römer Plinius ist stolz, mehr über die Herkunft des Bernsteins sagen zu können als die Sagen der Griechen, und berichtet von einer Insel in der Ostsee namens »Glaesum«, wo die Germanen den Bernstein aufsammelten. Daß der Bernstein aus dem vergrabenen Urin des Luchses entstehen könnte, wie noch sein griechischer Vorgänger Theophrast vermutet hatte, weist Plinius als Ammenmärchen zurück. Von seinen mittelalterlichen Nachfolgern wird die Geschichte aber wieder aufgegriffen und weiterverbreitet.

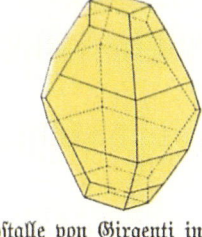 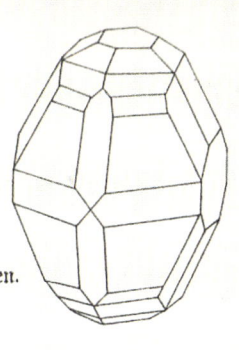 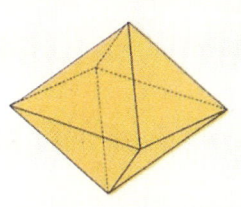

1–3. Schwefelkrystalle von Girgenti in Sicilien.

4. Mellitkrystall von Artern, Thüringen.

5. Graphitkrystall

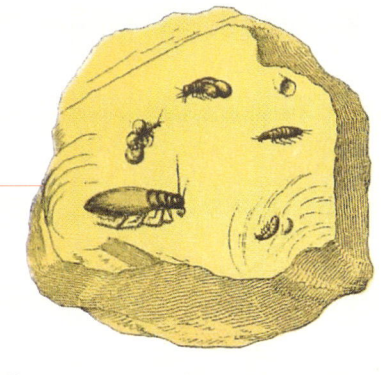 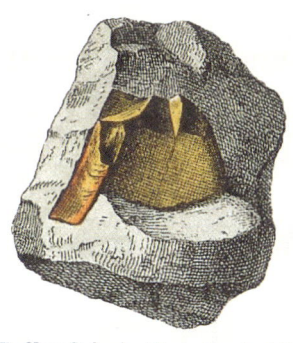 

6. Bernstein mit Insekten, von der Ostseeküste.

7. Bernstein in Karpathensandstein.

8. Anthracit von Portsmouth Rhode Island.

9. Englische Kerzenkohle.

10. Schieferkohle von Planitz in Sachsen.

Der deutsche Name »Bernstein« rührt daher, daß man den Stein verbrennen kann. Er verbreitet dann einen angenehmen Geruch, den schon die Römer schätzten. In der Kirche wurde er darum als Weihrauch verwendet, wahrscheinlich aber auch wegen seiner Kraft gegen böse Geister. Schon in der Antike wurden Bernsteinketten als Schutzamulette getragen. Bernsteinketten sollten die Bewohner der Po-Ebene zu Plinius' Zeit vor Halskrankheiten schützen, Marbod empfiehlt den Stein bei Durchfall. Seit dem Mittelalter legt man Kindern Bernsteinketten um, damit sie leichter zahnen.

Von großer Bedeutung war der Bernsteinhandel für den Deutschen Orden, der im Mittelalter mit Feuer und Schwert die Slaven an der Ostsee bekehrte. Er hatte jahrhundertelang das Monopol auf den Bernsteinhandel inne und wurde damit reich. Der Orden belieferte vor allem die »Paternostermacher« mit Bernstein, die daraus Rosenkränze herstellten. Das Monopol auf die Verarbeitung und den lukrativen Handel hatten die beiden Hansestädte Lübeck und Brügge. Im 17. Jahrhundert gelang es den preußischen Herrschern, die Bernsteingewinnung an sich zu ziehen.

Von Legenden umwoben ist das Bernsteinzimmer: Wandverkleidungen aus Bernsteinplatten für ein komplettes Zimmer, die der preußische König Friedrich I. zu Beginn des 18. Jahrhunderts anfertigen ließ. Sein Sohn Friedrich Wilhelm I. verschenkte die Täfelungen an den russischen Zaren Peter den Großen. Dieser erweiterte die Wandverkleidungen durch Spiegel und ließ damit von 1755 bis 1760 ein Zimmer in seinem Schloß in Puschkin ausbauen. Im Krieg wurden die Bernsteinplatten von den deutschen Truppen als Kriegsbeute nach Königsberg gebracht, seitdem sind sie verschollen.

Naturgeschichte der drei Reiche (1901)
Bernstein

Beryll

Der Beryll wird besonders wegen seiner Klarheit geschätzt, sowohl in weiß als auch in blaßgrün. Im Brustschild des Hohepriesters symbolisiert er den Stamm Joseph, in der Mauer des Himmlischen Jerusalems nimmt er die achte Stelle ein und steht für den Apostel Thomas. Er symbolisiert Wahrheit, Klarheit und eheliche Liebe.

Beryll ist wie Topas und Chrysolith ein Silikat aus Tonerde und Kieselsäure, zu dem noch das Element Beryllium hinzukommt ($Al_2Be_3[Si_6O_{18}]$). Durch Spuren von Chrom erhält er eine besonders grüne Farbe und wird dann Smaragd genannt; wenn er bläulich-grün ist, nennt man ihn Aquamarin; es gibt zudem Morganit und Goldberyll als rosige und gelbe Varianten. Der Stein ist sehr hart (Härte 7,5–8), jedoch spröde. Besonders große Kristalle wurden in Süddakota in den USA und in Brasilien entdeckt. In Deutschland wird er in der Nähe von Zwiesel gefunden.

Schon aus antiker Überlieferung ist bekannt, daß der Beryll den Augen guttun sollte. Seine angenehme Farbe sollte die Augen beruhigen, und im Mittelalter galt er als Mittel gegen Augenkrankheiten. Darüber hinaus wurde der Beryll schon zu optischen Zwecken geschliffen: Der römische Kaiser Nero soll einen Beryll (oder Smaragd) gehabt haben, mit dem er sehen konnte, was hinter ihm geschah. Mit diesem Stein sah er sich Gladiatorenspiele an. Im Mittelalter zeigte man Reliquien in speziellen Behältern hinter Scheiben oder in Röhren aus Beryll. Seit etwa 1300 schliff man aus Beryll Vergrößerungsgläser und verwendete die Berylle als »Brille«, die daher auch ihren Namen hat.

Der Beryll eröffnete darüber hinaus den Blick in die Zukunft: Wie in der berühmten Kristallkugel sollte man in ihm kommende Ereignisse erkennen können. Marbod sieht ihn vielleicht aus diesem Grund als Symbol für die Macht der Prophetengabe, wenn er in der Stadtmauer des Himmlischen Jerusalems auftaucht. Außerdem zeigt der Beryll Wahrheit und Lüge an: Es heißt, daß er sich schwarz verfärbt, wenn falsche Zeugen ihn in die Hand nehmen.

Kenngott,
Naturgeschichte des
Mineralreichs
(1888)
Beryll

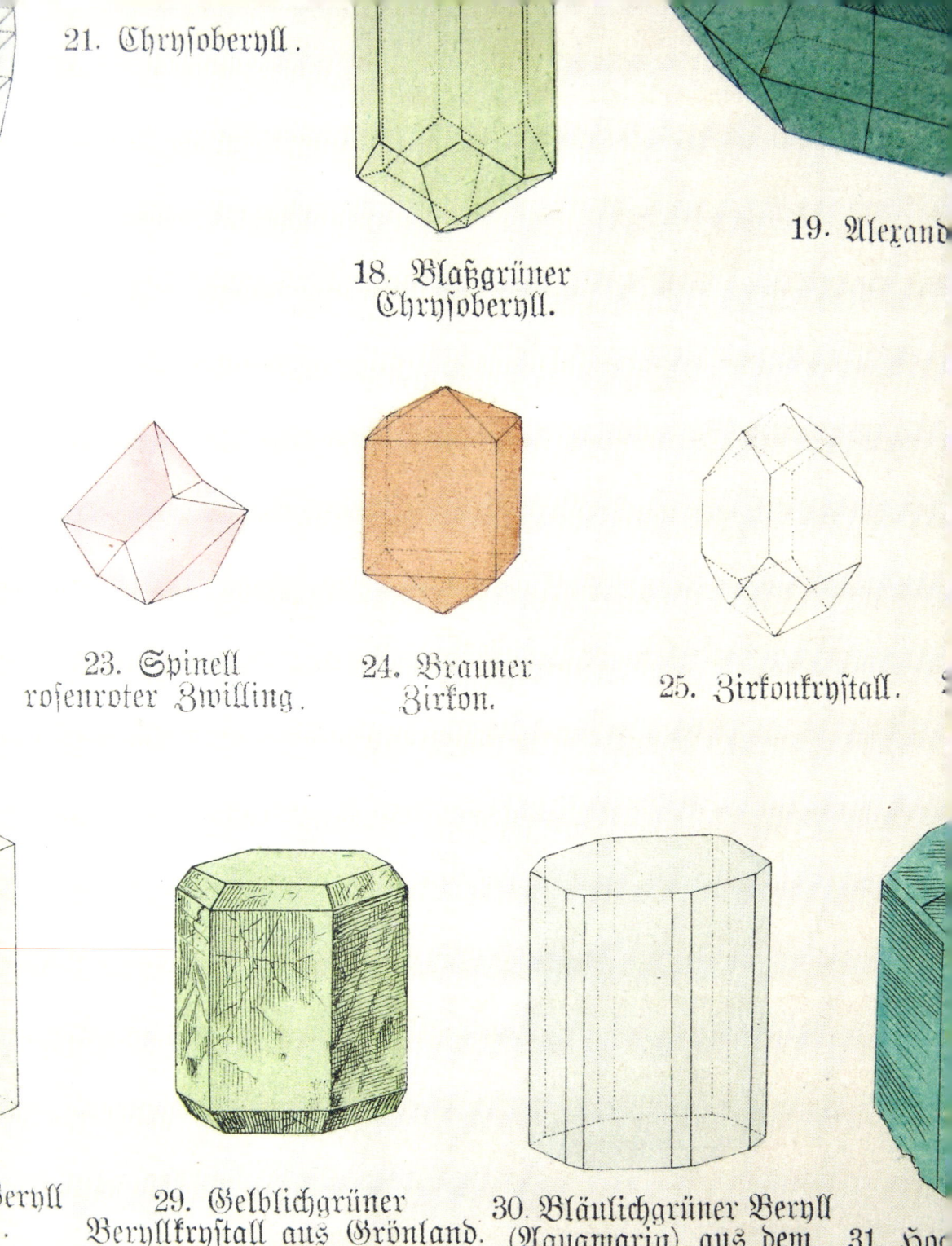

Bohnerz (Adlerstein)

Obwohl er von außen unscheinbar wirkt, gehört der Adlerstein zu den ältesten Steinen, die das Interesse der Menschen geweckt haben. Lange Zeit galt er als sicherste Hilfe für schwangere und gebärende Frauen.

Bei den sogenannten Adlersteinen handelt es sich um Steinkugeln von der Größe eines Eis aus lehmigem Eisenoxid (Limonit oder Siderit). Das Besondere an ihnen: Sie klappern, wenn man sie schüttelt, denn sie haben in ihrem Inneren einen Hohlraum, in dem sich einzelne, abgelöste Steine bewegen. Solche Steine findet man heute noch, etwa in Frankreich, in Böhmen und in Sachsen.

Adlersteine beschreibt schon der griechische Naturforscher Theophrast im 3. Jahrhundert vor Christus. Er nennt sie »gebärende Steine«. Er stellte sich offenbar vor, daß hier ein Stein dabei war, einen neuen Stein zu erzeugen. Plinius gibt sogar an, daß eine solche »Steinschwangerschaft« drei Monate dauert. Da es eines der Grundgesetze der Magie ist, »Gleiches mit Gleichem« zu heilen, trugen schwangere Frauen die gebärenden Steine bei sich, um Fehlgeburten zu vermeiden und um eine leichtere Geburt zu haben. Plinius berichtet, daß sie auch bei Brustschmerzen angewendet wurden.
Nicht nur Menschen, so erzählt Plinius, machten sich diese Kraft der Steine zunutze: Adler würden diese Steine in ihr Nest schleppen, zunächst, um dem Weibchen das Eierlegen zu erleichtern, dann, um ihre Kinder zu schützen. Als »Adlerstein« wanderten die Erzkugeln durch die Geschichte: Arabische Autoren berichten über ihn; seine Wunderkräfte nehmen ständig zu: Bei Marbod vermehrt er den Wohlstand, macht den Eigentümer beliebt und verleiht ihm den Sieg im Kampf. In Volmars Steinbuch aus dem 13. Jahrhundert heißt es:
Ein stein ist etite genant,/ des kraft ist mir wol bekannt./ dir ist dicker und roter var./ den hat niwan der adelar/ hohe uf sime neste./ swa man den stein weste/ da möhte man in gerne suocchen. … swer in an der linken hant treit/ der ist iemer riche.
Um dieselbe Zeit berichtet Albertus Magnus, er habe den Adlerstein selbst in Köln gesehen. Und noch im 16. Jahrhundert schreibt der Naturforscher Gesner, die Eier des Adlers seien beim Legen so heiß, daß er zum Abkühlen Adlersteine mit ins Nest nehmen müsse.

Buc'hoz,
Centurie des planches
(1777–1781)
Bohnerz

Chalzedon

Der Chalzedon gehört unter die Steine des Himmlischen Jerusalems, wo er für den Apostel Andreas stehen soll. Da er auf den ersten Blick nicht glänzt, sondern nur, wenn man ihn in die Sonne hält, steht er für bescheidene Menschen, die im verborgenen Gutes tun, aber auch für das heimliche Brennen einer innigen Liebe.

Der Chalzedon ist eine Unterart des Quarzes, das heißt, er hat die gleiche chemische Formel wie zum Beispiel der Bergkristall (SiO_2), ist aber etwas weicher (Härtegrad 6–7). Vom Bergkristall unterscheidet er sich dadurch, daß seine Kristalle nicht mit dem bloßen Auge zu erkennen sind. Er ist daher durchscheinend und nicht durchsichtig. In der Gruppe der Quarze bildet der Chalzedon seinerseits wieder zahlreiche Unterarten, die sich vor allem durch ihre Farben unterscheiden, wie zum Beispiel Achat, Onyx, Karneol, Sarder, Chrysopras und Jaspis.

Nicht nur seine Erwähnung in der Bibel verbindet den Chalzedon mit dem Christentum: Er hat außerdem seinen Namen von der griechischen Stadt Chalkedon auf dem Gebiet der heutigen Großstadt Istanbul, in der das am meisten besuchte Konzil der alten Kirche abgehalten wurde. Von hier kamen in der Antike viele Steine, die dann zu Siegelsteinen in Ringen verarbeitet wurden. Ob sie alle unserem modernen Begriff Chalzedon entsprachen, kann man heute nicht mehr feststellen. Gelobt wird an ihnen besonders, daß das Siegelwachs wegen der glatten Oberfläche nicht im Siegel hängenblieb.

Marbod von Rennes stellt sich offensichtlich vor, daß man den Stein nicht in einen Ring einsetzt, sondern ihn durchbohrt und so zu einem Ring aus einem Stück schleift. In dieser Form oder durchbohrt an einer Halskette getragen, soll der Chalzedon helfen, Gerichtsprozesse zu gewinnen. Hildegard von Bingen rät, den Stein so zu tragen, daß er auf der Haut aufliegt, damit er seine Kraft besser vermitteln könne. Der Chalzedon verhilft bei ihr zu einem ausgeglichenen Geist, der sich nicht durch Provokationen zu Jähzorn hinreißen läßt. Wer einen Gerichtsprozeß gewinnen will, sollte den Stein nach Hildegard wohl eher in den Mund nehmen, denn, so sagt sie, dort verhilft er zu weiser Rede.

Kenngott,
Naturgeschichte des
Mineralreichs
(1888)
Chalzedon

Chrysolith

Der Chrysolith, in seiner weniger durchsichtigen Form auch Olivin oder Peridot genannt, schimmert in einem goldenen Grün. Der spröde Stein gehört in den Brustschild des Hohepriesters wie in die Mauern des Himmlischen Jerusalems. Er steht dort für die Prophetengabe, für Weisheit und Barmherzigkeit oder für den Apostel Bartholomäus.

Wie der Topas ist der Chrysolith ein Silikat, also eine Verbindung von Metalloxiden mit Kieselsäure, seine chemische Formel lautet $(Mg,Fe)_2[SiO_4]$. Er hat eine Härte von etwa 7, ist aber spröde und läßt sich leicht spalten. Durch seine hohe Dichte (spezifisches Gewicht etwa 3,4) bricht der Chrysolith das Licht stark und funkelt daher besonders schön. Seit der Antike kommen die schönsten Kristalle von der Insel Zebirget im Roten Meer, heute gibt es auch Chrysolithe aus Australien und Brasilien. Olivine findet man unter anderem in der Eifel, in der Nähe von Maria Laach.

Während Plinius wahrscheinlich die Begriffe für Chrysolith und Topas genau umgekehrt wie heute verwendet, ist Marbod der erste, der den Chrysolith als goldgrün beschreibt: Er vergleicht ihn mit Feuer und den grünen Wellen des Ozeans. In Gold gefaßt, soll der Stein die Schrecken der Nacht fernhalten, in Verbindung mit einem Eselshaar Dämonen abwehren.

Hildegard von Bingen schätzt am Chrysolith vor allem die Lebenskraft, die sich in seiner grünen Farbe ausdrückt. Sie meint, daß diese Kraft sich auch auf andere Lebewesen überträgt und zum Beispiel einen neugeborenes Wildtier schneller zum Laufen bringen könnte. Sie empfiehlt den Stein gegen Fieber und Herzweh und schreibt ihm die Kraft zu, Menschen weise zu machen, so daß sie ihr Wissen und ihre Kunst gut gebrauchen.

Adam Lonitzer übernimmt eine Empfehlung von Marbod und sagt über den Chrysolith: *Der Stein auf Griechisch und Lateinisch Chrysolithus ist an der Farb dünn liechtgrün/ und gegen der Sonnen glast scheinet er wie ein Stern/ ist nicht seltsam. So er durchlöchert und mit Esels Haar gefüllet/ oder durch sein Loch gezogen/ und an den lincken Arm gehencket wird/ so vertreibt er die Melancholische böse Aufblähungen. In Gold aber gefast und getragen/ die Fantasten und Unrichtigkeit des Haupts.*

Hamilton, Campi Phlegraei (1776)
Chrysolith

Chrysopras

Dem Chrysopras hat seine goldgrüne Farbe den Namen gegeben: »Chrysos« heißt auf griechisch »Gold«, »prason« heißt »Lauch«. Die Farben Gold und Grün stehen für den Siegeskranz der Märtyrer und überhaupt für den Sieg über Leid und Schwierigkeiten oder für das Paradies. Dem Chrysopras wird der Apostel Thaddäus zugeordnet.

Der Chrysopras gehört zu den zahlreichen Unterarten des Chalzedons. Seine grüne Farbe erhält er durch Spuren von Nickelsilikat. Sie ist jedoch nicht beständig und verblaßt bei Erwärmung und auf die Dauer sogar im Sonnenlicht. Die Fundstätten dieses eher seltenen Steins liegen heute vor allem in Australien, aber auch in Brasilien, Kalifornien und Madagaskar. In Deutschland findet man ihn bei Sankt Egidien im Schwarzwald.

Naturgeschichte der drei Reiche (1901)
Chrysopras

Vom Chrysopras, der zu den Steinen des Himmlischen Jerusalems gehören soll, werden nur wenige Heilwirkungen überliefert. Einzig Hildegard von Bingen will ihn gegen Fallsucht und Gicht verwenden, vor allem aber gegen Besessenheit. Dagegen soll der Chrysopras sich bei den anderen Naturkundlern besonders günstig auf den Charakter auswirken: Arnold von Sachsen sagt in seiner mittelalterlichen Enzyklopädie, der Chrysopras bekämpfe die Neigung zum Geiz und mache den Menschen beständig im Guten.
Friedrich der Große, der für seine große Sparsamkeit bekannt war, machte dementsprechend beim Chrysopras eine Ausnahme und ließ sein Schloß prächtig mit diesem Stein verzieren. Dabei verschwendete er jedoch keine kostbaren Devisen, da er auf Chrysoprase aus seiner Provinz Schlesien zurückgreifen konnte.

Diamant

»Hart wie Diamant« – fast jeder weiß, daß der Diamant besonders hart ist. Sein Name kommt vom griechischen »adamas« – unzerstörbar. Er gilt daher von jeher als Symbol der Beständigkeit, der Abwehr von Gefahren aller Art, auch gegen den Teufel, gegen Alpträume und Wahnsinn.

Der Diamant besteht nur aus einer Sorte von Atomen, nämlich Kohlenstoffatomen (C), und gehört damit zur ersten Klasse der Mineralien, den Elementen. Er ist mit einem Härtegrad von 10 auf der Mohs'schen Härtegradskala das härteste Material der Welt. Wegen seiner großen Dichte bricht der Diamant das Licht sehr stark, darum funkelt er so schön. Die meisten Diamanten sind völlig klar, es gibt jedoch auch farbige Varianten mit einer leichten Tönung in rot, gelb, blau oder grün. Diamanten entstanden vor etwa 3 Milliarden Jahren unter hohem Druck und Hitze im Magma im Erdinneren, meist nur in Körnchengröße. Wenn das Magma hochsteigt und der Druck nachläßt, kann es passieren, daß sich der Diamant in Graphit umwandelt, das Material, aus dem zum Beispiel Bleistiftminen hergestellt werden. Kommen die Diamanten aber unbeschadet in die Erdkruste, spürt man sie entweder in Schloten auf, in denen das Magma aufgestiegen ist, oder sie werden durch die Verwitterung der umgebenden Steine abgetragen und finden sich dann im Sand von Flüssen. Die ersten Diamantvorkommen entdeckte man in Indien. Heute ist Südafrika der größte Lieferant. Diamanten für den industriellen Gebrauch werden häufig durch Synthese gewonnen.

Nr. 1–9
Kenngott, Naturgeschichte des Mineralreichs (1888)
Diamanten

Die antiken Autoren Theophrast und Plinius berichten über die Härte des Diamanten wundersame Geschichten: Er soll sogar den Amboß zum Zerspringen bringen, wenn man ihn mit dem Hammer schlägt. Nur warmes, frisches Bocksblut soll ihn bezwingen können. Erst im 13. Jahrhundert machte der große englische Gelehrte Roger Bacon die Probe und erklärte, daß Bocksblut keine Wirkung auf Diamanten habe. Und selbst dem Hammer widersteht der Diamant nicht immer: Obwohl er nur schwer zu ritzen und zu schleifen ist, kann er splittern.

Marbod von Rennes empfiehlt, den Stein in Silber oder Gold zu fassen und an einem Armband am linken Handgelenk zu tragen, um an der Unbesiegbarkeit des Diamanten teilzuhaben. Hildegard von Bingen rät, Diamanten in Wasser oder Wein zu legen und die Flüssigkeit zu trinken, um Gicht oder Gelbsucht zu kurieren.

Wegen ihrer großen Härte konnte man Diamanten lange Zeit nicht schleifen. Sie wurden deshalb nicht als Schmucksteine benutzt, sondern als Amulette oder

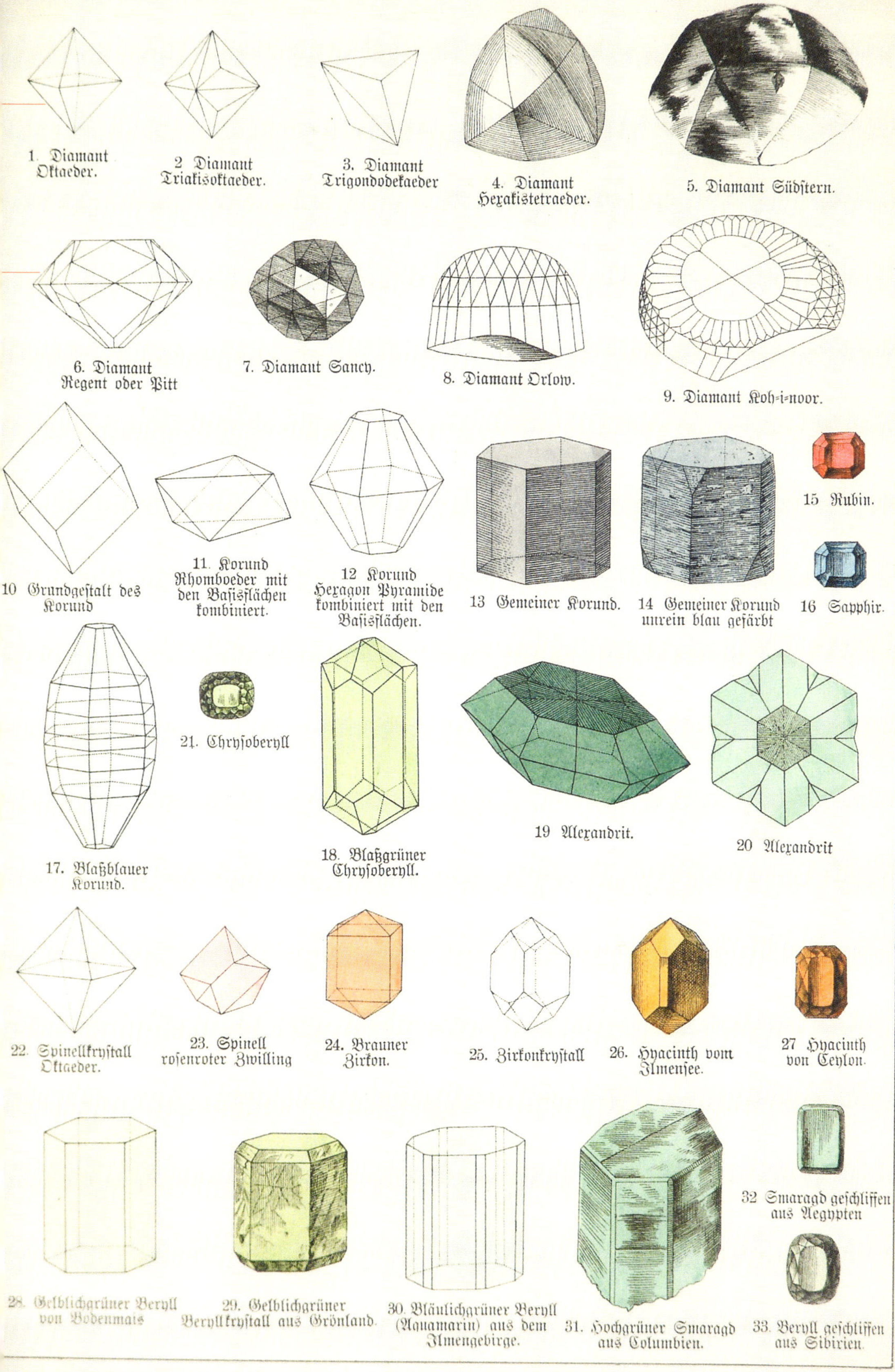

III.

1. Diamant Oktaeder.
2. Diamant Triakisoktaeder.
3. Diamant Trigondodekaeder.
4. Diamant Hexakistetraeder.
5. Diamant Südstern.
6. Diamant Regent oder Pitt.
7. Diamant Sancy.
8. Diamant Orlow.
9. Diamant Koh-i-noor.

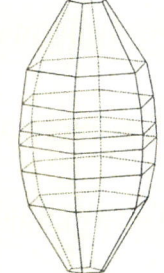
10. Grundgestalt des Korund.

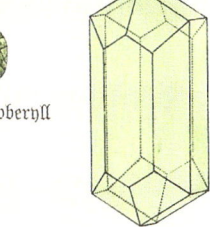
11. Korund Rhomboeder mit den Basisflächen kombiniert.
12. Korund Hexagon Pyramide kombiniert mit den Basisflächen.

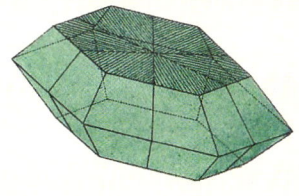
13. Gemeiner Korund.
14. Gemeiner Korund unrein blau gefärbt.

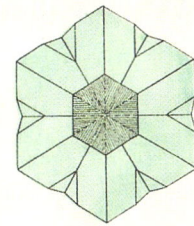
15. Rubin.
16. Sapphir.

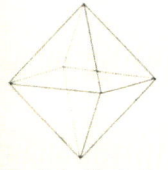
17. Blaßblauer Korund.

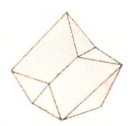
21. Chrysoberyll.

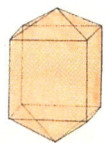
18. Blaßgrüner Chrysoberyll.

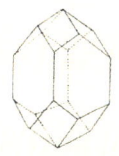
19. Alexandrit.

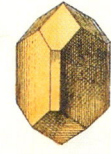
20. Alexandrit.

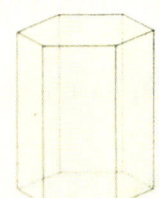
22. Spinellkrystall Oktaeder.
23. Spinell rosenroter Zwilling.
24. Brauner Zirkon.
25. Zirkonkrystall.
26. Hyacinth vom Ilmensee.
27. Hyacinth von Ceylon.

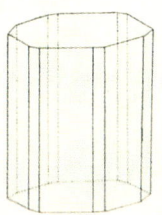

28. Gelblichgrüner Beryll von Bodenmais.
29. Gelblichgrüner Beryllkrystall aus Grönland.
30. Bläulichgrüner Beryll (Aquamarin) aus dem Ilmengebirge.
31. Hochgrüner Smaragd aus Columbien.
32. Smaragd geschliffen aus Aegypten.
33. Beryll geschliffen aus Sibirien.

zum Schleifen anderer Steine. Wenn in der Antike und im Mittelalter von großen oder geschliffenen Diamanten die Rede ist, handelt es sich meist um Verwechslungen mit Bergkristallen oder anderen Steinen.

Mit welchem Material schleift man Diamant? Mit Diamantstaub. Dabei macht man sich zunutze, daß die Eigenschaften der Kristalle richtungsabhängig sind. Das heißt, auch der Diamant ist in eine Richtung ein wenig härter als in die andere. Beim Schleifen liegen nun immer einige Körnchen mit der härteren Richtung nach oben, sie tragen damit Material von der Oberfläche des Diamanten ab.

Seit dem 13. Jahrhundert ist es möglich, Diamanten zu schleifen, seit 1456 im Facettenschliff. Seitdem schmücken sie als Symbol der Stärke und der Unbesiegbarkeit vor allem Königskronen. Zugenommen hat die Begehrlichkeit nach Diamanten seit 1600, als der Brilliantschliff erfunden wurde. Bei dieser Art der Bearbeitung werfen die unteren Facetten das Licht nach oben zurück, so daß der Stein noch strahlender erscheint.

Berühmte Diamanten sind zum Beispiel der Hope-Diamant oder der Koh-i-noor. Beide wurden im 17. Jahrhundert in Indien entdeckt, und an beiden soll angeblich ein Fluch hängen. Wenn man ihre Geschichte genauer betrachtet, so zeigt sich jedoch, daß zwischen dem Erwerb des Edelsteins und dem angeblichen Unglück des Besitzers manchmal zwanzig glückliche Jahre liegen, in denen dieser sich seiner Reichtümer erfreuen konnte. Als der Koh-i-noor 1836 in den Besitz des englischen Königs kam, fand er eine elegante Lösung gegen das drohende Unglück: Angeblich sollte der Fluch dieses Steins nur Männer treffen. Der Koh-i-noor wurde daher in die Krone der Königin eingesetzt. Der Hope-Diamant gehört seit langem dem Smithonian Institute in Washington und kann dort besichtigt werden. Der größte bis heute gefundene Diamant ist der Cullinan mit 3106 Karat (etwa 600 Gramm) im ungeschliffenen Zustand. Rymsdyks *British Museum* zeigt ein Modell des Diamanten des Governors Pitt, der an den französischen König Ludwig XV. verkauft wurde. In der französischen Krone trug er nun den Namen »Regent«. Zum Vergleich zeigt die Tafel außerdem verschiedene Arbeitsstadien beim Schleifen dieses Steins und andere berühmte Diamanten, nämlich den Orlow-Diamanten der russischen Zaren und einen Diamanten des Herzogs der Toskana.

Rymsdyk, Museum Britannicum (1778) Verschiedene Stadien des Schliffs des Regent-Diamanten

TAB. XXVIII.

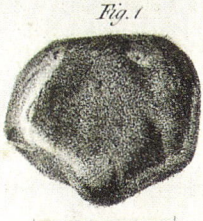

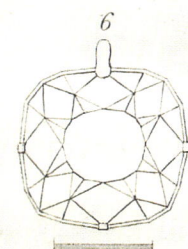

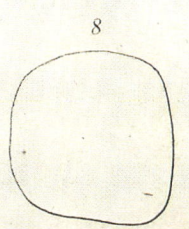

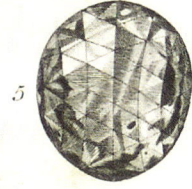
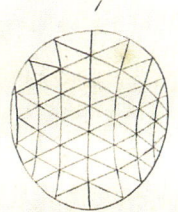

Echenit (Kröten- oder Drachenstein)

Echeniten, die versteinerten Schalen von Seeigeln, haben die Menschen von jeher in Erstauen versetzt. Man gab ihnen verschiedene Namen: Riesenknopf, Drachenstein, Krötenstein, Donnerstein oder Donnerkugel. An jeder dieser Bezeichnungen hängt eine andere Geschichte.

Echeniten sind die Versteinerungen von Seeigeln. Noch heute kann man beobachten, daß am Meer Kalkschalen angespült werden, die von Seeigeln stammen: Stacheln und Fleisch vergehen, es bleibt eine Hülle in Form einer abgeflachten Kugel mit Streifen, die an einem Scheitelpunkt zusammenlaufen, und zahlreichen kleinen Löchern.

Als Donnerstein oder Donnerkugel soll der Echenit bei einem Gewitter vom Himmel gefallen sein. Man verwandte ihn daher wie den Belemniten zur Abwehr von Blitzschlag, indem man ihn bei Gewitter vor das Fenster legte. Wo man den Echeniten für einen Drachenstein hielt, glaubte man, daß ihn ein fliegender Drache fallengelassen hatte. Als Krötenstein soll er im Gehirn der Kröte gewachsen sein. Adam Lonitzer schreibt über den Krötenstein:

Von dem Krottenstein der Borax und Lapis busonius genennet wird / seynd vielerley Meinungen / denn etliche wöllen / er wachse an der Stirn des Krottenkönigs / von der Speichel / so ihm die andere Krotten anblasen / oder wie andere meinen / in dem Magen einer gar alten Krotten / und werde darinn gefunden. Die gemeinen Krottensteine aber / die man in der Menge feil hat / haben nur den Nahmen von der gesprenglichten Krottenfarbe / und seynd nichts anders / dann ein gesprenglichter Kißlingstein. Die Krafft und die Tugend des Krottensteins / ist fast die Tugend der Kißlingstein / dann man braucht sie den Weibern zu dem Rotlauff und hitzigen geschwollenen Brüsten / dieselbige darmit bestrichen und angehencket. So dieser Stein Gifft merckt / so schwitzet er.

Andere schreiben dem Echeniten noch weitere Heilkräfte zu: Man wickelte ihn in den Verband um Knochenbrüche, um sie schneller zu heilen, und hoffte auch, er würde die Pest aufhalten. Als Mittel gegen böse Zauberei wurde der Echenit gern in Tierställe, an Bienenstöcke und in die Wiegen kleiner Kinder gelegt.

Knorr, Delices physiques (1766) Echeniten

*Ex Museo D. Joan. Ambrosii Baueri, Pharmacopoei Norimb.
et Acad. Caesar. Leopoldino-Carol. Nat. Curios. Socii celeberrimi.*

G. F. Diesch ad Nat. pinx. G. W. Knorr sculp. et exc.

Fluorit (Flußspat)

Der Name Flußspat kommt aus der Sprache der Bergleute und Hüttenarbeiter: »Spat« nannten sie alle Mineralien, die sich leicht in Scheiben spalten ließen. Den Flußspat verwendete man, wenn man Erz schmolz, um Metall zu gewinnen. Er sollte das Metall leichter zum Fließen bringen. Der lateinische Name Fluorit kommt von dem Wort »fluor« für Fluß und ist eine nachträgliche Übersetzung der deutschen Bezeichnung aus dem 18. Jahrhundert.

Fluorit oder Flußspat gehört zu den verbreitetsten Mineralien und kommt in vielen verschiedenen Farbtönungen vor. Mohs hat ihm als einem der Bezugspunkte in seiner Härteskala den Härtegrad 4 zugeteilt, der Flußspat ist also nicht besonders hart. Seine chemische Formel ist CaF_2, das heißt, er gehört zur salzartigen Gruppe der Mineralien, zu den Halogeniden, weil er mit Fluor ein Halogen enthält. Flußspat bildet schöne, durchsichtige Kristalle in allen möglichen Farben, er ist jedoch wegen seiner geringen Härte als Schmuckstein wenig beliebt. Dagegen ist er ein wichtiger Rohstoff zur Gewinnung von Fluor. Eine Besonderheit des Flußspats, die er mit dem Diamanten teilt, ist eine Thermolumineszenz: Der Stein beginnt zu leuchten, wenn man ihn erwärmt.

Obwohl es in der Antike kein eigenes Wort für Fluorit gab, ist das Material doch häufig verwendet worden. Da es von geringer Härte ist, ließ es sich zu schönen Gefäßen verarbeiten. Die sogenannten »murrhinischen Vasen«, die zum Beispiel Plinius beschreibt, wurden aus dem Orient eingeführt und dort aus Fluorit hergestellt. So soll der Kaiser Nero den mißliebigen Dichter Petron zum Selbstmord gezwungen haben. Petron, heute noch bekannt durch seinen Schelmenroman *Satyricon*, sah keinen Ausweg mehr und zerschlug vor seinem Tod noch seine schönste murrhinische Vase, damit Nero sie sich nicht aneignen konnte. Über den Glanz der Gefäße aus Fluorit schreibt Plinius: *Sie haben einen Glanz ohne Kraft und eher einen Schimmer als Glanz. Doch geschätzt wird an ihnen die Vielfalt der Farben in den Flecken, die allmählich sich nach Purpur oder Weiß verlagern oder aus einer der beiden Farben zu einer dritten, wie wenn eine purpurne Tönung durch den Übergang einer Farbe feurig wird oder eine milchige sich rötet. Manche loben an ihnen besonders die Extreme und einen gewissen Widerschein der Farben, wie man sie am inneren Regenbogen sehen kann.*

Buc'hoz,
*Centurie des planches
(1777–1781)*
Fluor auf
pyrithaltigem Stein

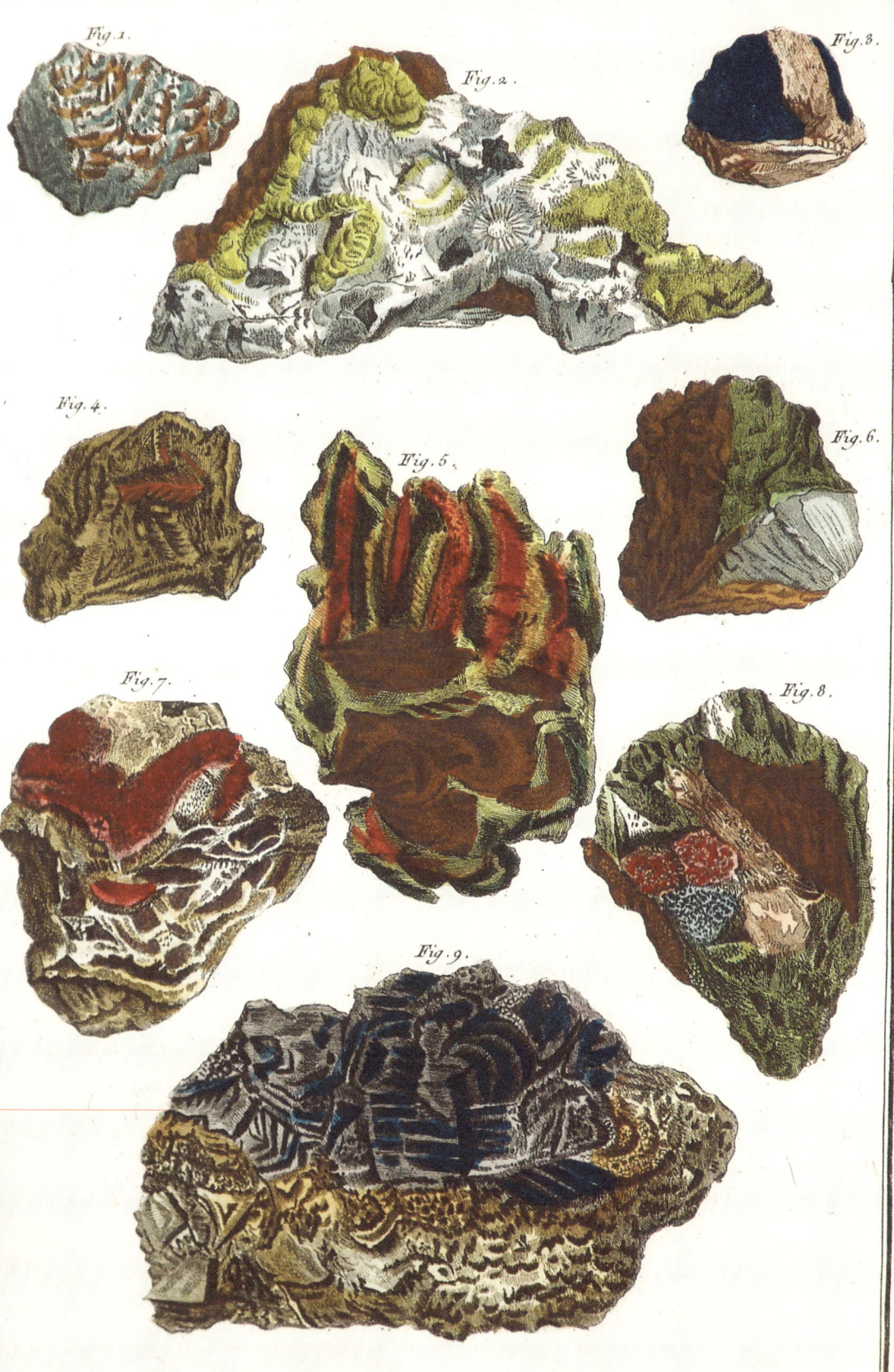

Gagat (Jet)

Der Gagat ist einer der Steine, die die Menschen schon seit frühester Zeit begleitet haben. Er hilft gegen den Teufel, trügerische Erscheinungen und böse Prophezeiungen und wird wahrscheinlich deswegen und wegen seiner schwarzen Farbe gern zu Trauerschmuck verarbeitet.

Wie der Bernstein ist der Gagat kein Mineral im engeren Sinne: Er besteht aus fossilen Holzstückchen, die sich unter Druck zu Kohle umgewandelt haben. Diese versteinerte Kohle ist besonders fettig, sie enthält Bitumen, ein Nebenprodukt des Erdöls, und erhält daher ihre Glätte und ihren Glanz. Der Name »Pechkohle« weist auf die Natur des Gagats hin. Er wird in der Schwäbischen und Fränkischen Alb gefunden, außerdem im englischen Yorkshire, in Frankreich, Spanien und Polen.

Wie der Bernstein läßt sich der Gagat recht leicht bearbeiten, polieren und schnitzen und ist deshalb schon seit der Steinzeit ein beliebter Schmuckstein. Die vorgeschichtlichen Kelten in Süddeutschland liebten ihn besonders, ebenso die Römer der Kaiserzeit. Der Römer Plinius kannte eine andere Gemeinsamkeit zwischen Gagat und Bernstein: Beide sind brennbar, und der Gagat brennt erstaunlicherweise sogar im Wasser, was man damals noch nicht mit seiner Verwandtschaft mit dem Erdöl erklären konnte. Plinius berichtet, daß man mit ihm Tonkrüge dauerhaft beschriftete.

Marbod bringt den Gagat in seinem Lapidarium mit Frauen in Verbindung: Er fördere die Menstruation und erleichtere die Geburt, außerdem diene er zu einer Jungfrauenprobe. Albertus Magnus beschreibt genauer, wie die Probe der Jungfräulichkeit vor sich ging: *Man sagt auch, daß, wenn man Wasser, in dem man diesen Stein gewaschen hat, abgießt, etwas von dem Stein abkratzt und hinzufügt und dies einer Jungfrau zu trinken gibt, sie das Wasser zurückhalten kann. Wenn sie hingegen keine Jungfrau ist, muß sie sofort Wasser lassen. So soll man die Jungfräulichkeit auf die Probe stellen.*

Weit mehr als für solche Proben wurde der Gagat jedoch schon im Mittelalter für Trauerschmuck und glänzend schwarze Rosenkränze verwendet.

*Kenngott,
Naturgeschichte
des Mineralreichs
(1888)
Gagat*

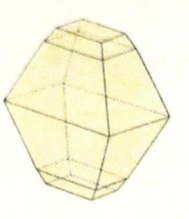 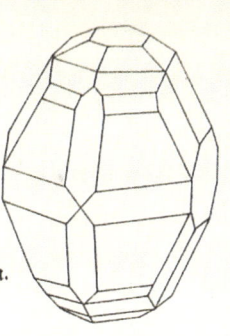 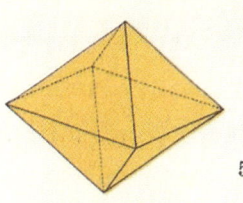 

1—3. Schwefelkrystalle von Girgenti in Sicilien. 4. Mellitkrystall von Artern, Thüringen. 5. Graphitkrystall

 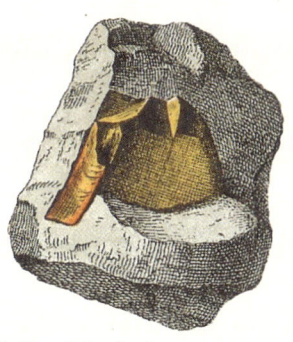 

6. Bernstein mit Insekten, von der Ostseeküste.   7. Bernstein in Karpathensandstein.   8. Anthracit von Portsmouth Rhode Island.

9. Englische Kerzenkohle.   10. Schieferkohle von Planitz in Sachsen.

Granat

Der Granat hat seinen Namen vom Granatapfel, weil seine beliebtesten Sorten ein ähnlich leuchtendes Rot haben wie die Kerne dieser Frucht. Als Karfunkelstein steht er im Mittelalter für die Dinge, die Licht ins Leben der Menschen bringen: das Wort Gottes, das Wissen und das Mitleid.

Granat ist eine Sammelbezeichnung für eine ganze Mineraliengruppe von Silikaten, bei der sich die Kieselsäure mit verschiedenen Metallen verbindet. Es gibt Granate mit Aluminium, Chrom, Eisen und anderen Elementen. Dabei sitzen die Atome recht eng aneinander, der Stein ist daher schwer, dicht und hat eine hohe Lichtbrechung. Wegen seiner Härte (6,5–7,5) wird der Granat in Bohrern und zum Schleifen verwendet. Man findet ihn relativ häufig, vor allem in Schiefergestein, er bildet auch Lagerstätten im Flußsand, wo man ihn wie Gold herauswaschen kann.

Die Granate gehen in der Farbe von farblos über verschiedene Rottöne und grün bis zu schwarz. Im Mittelalter wurden sie mit den Rubinen zu den Karfunkeln zusammengefaßt, den leuchtend roten Steinen. Diese wurden schon immer in Untergruppen aufgeteilt, doch das Wort »Granat« für eine von ihnen finden wir zum ersten Mal bei Albertus Magnus. Schon vorher wird ein unbekannter roter Stein Almandin genannt, ein Name, der heute eine Unterart des Granats beschreibt, die Eisen und Aluminium enthält. Er sollte die Blutmenge vermehren und Blutungen hervorrufen. Allgemein sollten Granate das Herz stärken und – wohl wegen ihrer Farbe – gegen die Rote Ruhr helfen. Adam Lonitzer übernimmt ganz selbstverständlich Albertus' Einteilung der Karfunkel und schreibt über den Granat:

Granat macht das Hertz frölich und vertreibt die Traurigkeit. Ist hitzig und trocken. Wird in Morenland / und etwan bey der Stadt Tyro im Meersand gefunden.

Man glaubte auch, daß der Granat seinen Träger auf Reisen beschützte, ihn beliebt machte und vor Unglück warnte, indem er seinen Glanz verlor. Als Probe für die Echtheit eines Granats schlägt das Kräuterbuch *Hortus Sanitatis* eine riskante Aktion vor: Mit einem Granat in der Hand soll man sich mit Honig eingeschmiert neben ein Wespennest setzen. Wenn der Granat trotz des Honigs seinen Träger vor den Wespen schützt, ist er echt.

Hortus Sanitatis (1517)
Echtheitsprobe für den Granat

⁋Idē Fascina ligatū dolorē dentiū liberat
Et qui secum portauerit: si principem vel ali
um offensum habuerit in obliuionem eū ad-
ducit et graciosum reddit.
⁋Pli. Garamantitē aliq̇ vocāt lapidē q̇ et
sandaresius dicitur: de quo dicetur inferius

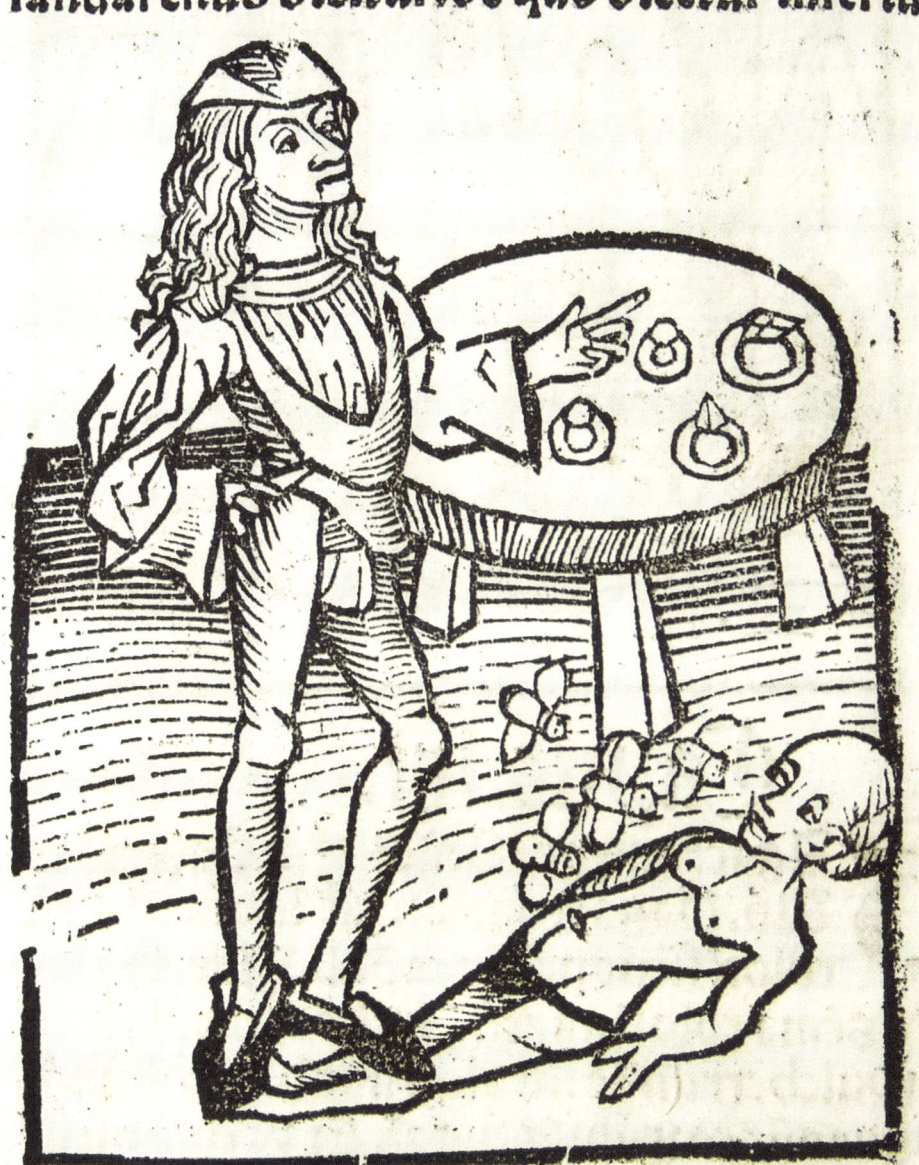

Caput. lx.

Granatus z Garatiden. Constā. Gra
natus est de gñe carbunculi. Est aūt
lapis rubeus et perlucidus: in colore

Hämatit

Hämatit – Blutstein, so nannten ihn die Griechen, denn der scheinbar schwarze Stein färbt beim Naßschleifen das Wasser mit seinem Staub rot: Der Stein scheint zu bluten. Kein Wunder, daß man ihm Heilkräfte zuschrieb. Wegen seiner Nähe zum Blut ist der Hämatit seit dem Altertum der Schutzstein der Kämpfer und Krieger. Vielfach wurde sogar angenommen, daß der Hämatit selbst aus geronnenem Blut entstanden sei, das sich ja ebenfalls bräunlich verfärbt.

Der Hämatit ist ein Eisenoxid oder Eisenerz (Fe_2O_3), daher stammt seine rostrote Farbe, wenn man ihn in schmale Scheiben schneidet. In massiven Stücken wirkt er dagegen fast schwarz. Das Rot des Hämatits wird als Farbstoff verwendet, zum Beispiel zum Färben anderer Edelsteine. Es ist ein recht häufiges Mineral und findet sich in Deutschland zum Beispiel in den Gegenden um Wetzlar und Siegen herum und in Thüringen, in der Schweiz zum Beispiel im Sankt-Gotthard-Gebiet. Schmucksteine kommen außerdem aus dem Baskenland und von der Insel Elba.

Schon Plinius zeigt sich gegenüber den angenommenen Heilwirkungen des Hämatits bei blutenden Wunden skeptisch. Daß der Stein Erfolg bei Gericht verleihe, will er den babylonischen Zauberern ebenfalls nicht glauben, die so etwas verbreiten.
Bei Marbod von Rennes hilft der Hämatit gegen Augenkrankheiten, sowohl gegen Geschwüre auf den Augenlidern als auch gegen nachlassende Sehkraft. Man muß das Auge nur mit dem Stein einreiben. Wichtiger sind bei ihm wie in den meisten Steinbüchern die Kräfte des Hämatits zur Stillung von Blut: Er hilft nicht nur bei Nasenbluten, sondern auch bei zu heftigen Monatsblutungen, bei Menschen, die Blut spucken und bei blutenden Wunden. Diese Wirkung hat sogar eine gewisse natürliche Grundlage, denn Eisenverbindungen wirken leicht blutstillend.

*Buc'hoz,
Centurie des planches
(1777–1781)*
roter Hämatit

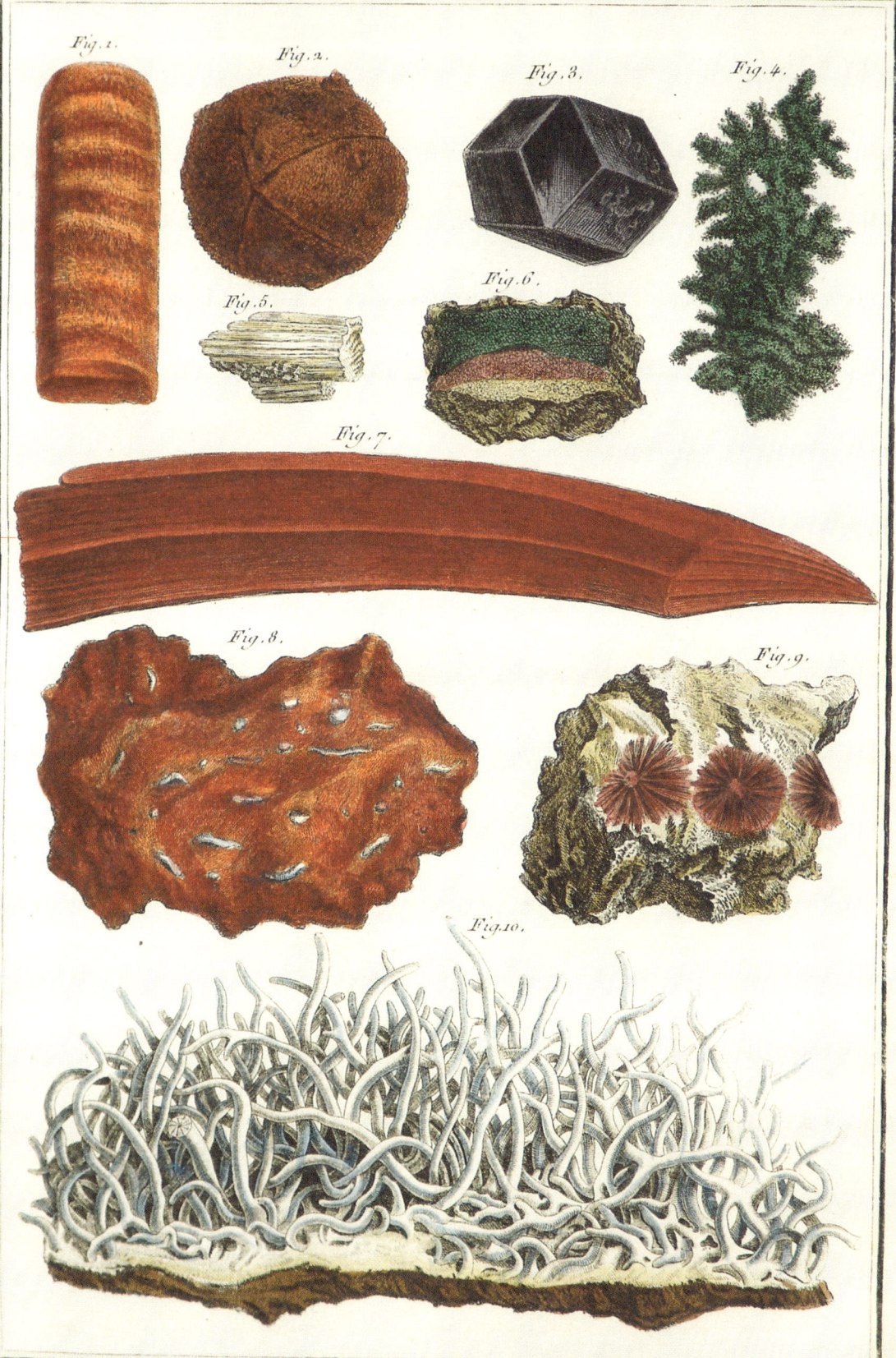

Hyazinth

Der Name des Hyazinths erinnert an den griechischen Jüngling Hyakinthos, der von dem Gott Apoll verehrt wurde. Beim gemeinsamen Diskuswerfen traf der Diskus des Apoll seinen Freund so unglücklich, daß dieser starb. Aus seinem Blut soll die gleichnamige Blume entsprossen sein.

Der Hyazinth ist eine seltene Variante des Silikats Zirkon ($Zr[SiO_4]$). Zirkon und Hyazinth haben eine besonders hohe Dichte, sie stehen in dieser Hinsicht dem Diamanten am nächsten und funkeln daher ähnlich stark. Ihre Härte ist dagegen geringer, nur wenig höher als die von Bergkristall, nämlich 7,5. Hyazinthe sind meist orangefarben, werden aber dunkler, wenn man sie der Sonne aussetzt, und farblos, wenn man sie erhitzt. Solche farblosen Hyazinthe sehen dann Diamanten sehr ähnlich und werden als Imitate oder Fälschungen für Diamanten eingesetzt.

Wenn der Römer Plinius den »hyakinthos« in seiner Farbe mit der gleichnamigen Blume vergleicht, spricht er wahrscheinlich weder von der Hyazinthe noch vom Hyazinth: Er beschreibt eine veilchenartige Farbe, was eher für den heutigen Saphir spricht. Nach der Beschreibung, die er in seinem Pflanzenkapitel von der Blume »hyakinthos« gibt, denkt er wahrscheinlich an Rittersporn. Auch einige mittelalterliche Autoren nennen den Hyazinth blau, bei Marbod kann er dann rot, gelb oder blau sein. Die blaue und die rote Variante sind bei ihm so hart, daß sie sich nur mit Diamant schleifen lassen, was wieder auf den Saphir und auf den Rubin deutet. Die gelbe Variante könnte dem heutigen Hyazinth entsprechen. Nach Marbod schützt sie bei der Reise in pestverseuchte Gegenden vor Krankheit und sorgt für ehrenvolle Aufnahme bei jedem Gastgeber. Bei Hildegard von Bingen ist der Hyazinth rotleuchtend, er heilt Augenkrankheiten und befreit von Trugbildern des Teufels, wenn man ihn mit einem Gebet kreuzförmig durch die Mahlzeiten zieht. Auch gegen Schmerzen am Herzen hilft ihr Hyazinth.
Der Stein, den Adam Lonitzer beschreibt, ist wahrscheinlich ebenfalls nicht unser heutiger Hyazinth, denn er schreibt: *wenn man ihn ins Feuer legt / wird er noch viel röther.* Somit bleibt es auch ein Rätsel, an welchen Stein der biblische Autor gedacht hat, der die *Offenbarung* des Johannes aufschrieb, als er den Hyazinth in den Mauern des Himmlischen Jerusalems beschrieb. Die Tradition ordnet diesen unbekannten Stein jedenfalls dem Apostel Simon zu.

Valentini, Museum Museorum (1714)
Hyazinth

zend/ zart und wenig steinichtes in sich haben/ wann sie gut seyn soll/ wovon Pomet. cit. loc. pag. 64. zu sehen ist.

§. 9.

Der Gebrauch der Magnesien ist zur Reinigung des Glases gewidmet/ indem diesem die grüne und blaue Farb dadurch genommen wird/ dahero sie mit gutem Fug eine Seife/ welche das Glas reiniget/ genennet wird; dann so man von solcher Magnesie nur ein wenig mit dem geschmoltzenen Glas vermenget/ so reiniget es dasselbe von aller fremden Farbe/ und machet das Glas helle: Nimmt man aber der Magnesien zu viel/ so bekommt das Glas ein Purpur-Farbe/ wovon in D. Merrets Anmerckungen über das erste Buch des Neri Glasmacher/

beyde um einen sehr billigen Preiß/ ob sie schon ebenmässig und ja so wohl das ihrige/ als die Piemontesische thun/ und derowegen die Teutschen der Piemontesischen wohl entbehren könten/ wie Kunckelius in seinen Anmerckungen über das erste Buch des Anthon. Neri von der Glas-Kunst pag. 55. weitläufftiger zeiget.

§. 11.

Letzlich hat man in Franckreich noch ein ander dergleichen Mineral, welches man dorten PERIGUEUR nennet/ welches aus einem schwartzen und schweren Stein bestehet/ und sich nicht gern zerstossen lässet: kommt aus Dauphiné und Engeland/ und wird von den Häfnern und Emailleurs gebraucht/ wie Pomet davon l. c. schreibet.

Das XV. Capitel.
Von den Edel-Gesteinen und Jubelen.

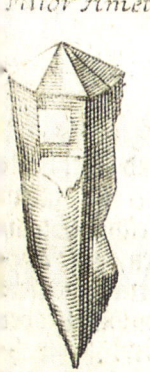

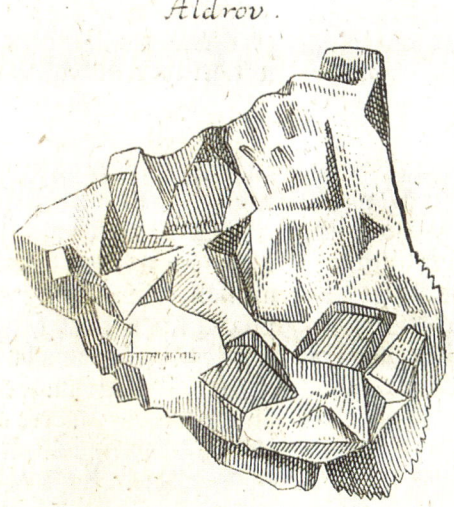

Minera cum fluore vario Aldrov.

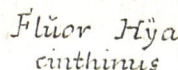

Fluor Amethystinus

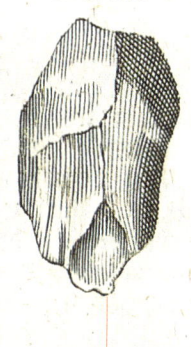

Fluor Hyacinthinus

§. 1.

Die Edel-Gesteine oder GEMMÆ sind sehr harte und zum Theil durchsichtige/ zum Theil undurchsichtige/ aber doch schön-gefärbte Steine/ davon eine aus einem hellen Wasser/ diese aber zugleich aus einigen irrdischen oder metallischen Cörperlein/ von dem Stein-Geist oder ~ lapidifico gezeuget werden/ wie der berühmte Engeländer Boyle in seinem Buch von den Edel-Gesteinen stattlich erwiesen hat. Beyde kommen

D. V. Mus. Erster Theil. §

Jade

Die Jade hat ihren Namen nach dem spanischen »Piedra de la ijada« – Stein für die Lende, nämlich gegen Schmerzen in dieser Körpergegend. Im Alten China war Jade der Stein des Glücks und Symbol der weiblichen Schönheit.

Während man in der Kunst und Kulturgeschichte nur von Jade spricht, unterscheiden die Mineralogen verschiedene Mineralien, die sich hinter diesem Begriff verbergen können. Zwei von ihnen sind der Jadeit und der Nephrit. Das Silikat Jadeit entsteht nicht direkt im Erdinnern, sondern erst durch Umwandlung anderer Mineralien unter Druck und Hitze. Dabei verfilzen sich die Kristalle untereinander, so daß sich keine größeren Einzelkristalle entwickeln. Jadeit ist daher nur an den Kanten durchscheinend, während er insgesamt grünlich bis weißlich schimmert. Der Nephrit sieht dem Jadeit recht ähnlich, es handelt sich aber um eine Unterart des Aktinolith. Beide Steine sind meist grün gefärbt, durchscheinend, aber nicht durchsichtig und haben eine ähnliche Härte (5–6) und Dichte (um 3,2). Doch schmilzt der Jadeit leichter als der Nephrit, wenn man ihn erhitzt.

Jade wurde schon seit dem 3. Jahrtausend vor Christus in Europa verwendet: Aus dieser Zeit stammen Beile aus Jade, die für jede Benutzung zu zerbrechlich waren. Sie wurden wahrscheinlich als Würdezeichen verwendet. Die Jade für diese Stücke stammt vom Monte Rossa in den Alpen, von dort wurden die fertigen Beile bis in die Niederlande, in die Bretagne und auf die Britischen Inseln transportiert.

In China diente die Jade seit Jahrtausenden zum Schutz gegen Unheil. Den Toten gab man bei der Bestattung Jadeplättchen in den Mund, da sie angeblich die Fäulnis verhindern sollten. Wegen ihrer Glätte und Reinheit wurde die Jade oft mit der Haut einer schönen Frau verglichen. In zahlreichen chinesischen Redensarten umschreibt die Jade die sinnlichen Seiten der Liebe.

Bei den Römern galt die Jade wie bei den Chinesen als Schutzstein gegen böse Einflüsse und Zauberei. Im Mittelalter wird sie in den klassischen Steinbüchern nicht erwähnt, es ist jedoch möglich, daß man sie mit unter den Jaspis zählte. Auf jeden Fall gab es im Mittelalter Gefäße aus Jade. So besaß der Abt Suger von Saint-Denis im 12. Jahrhundert eine prachtvolle, in Gold und Silber gefaßte Jadeschale, die wahrscheinlich aus dem Iran stammt und heute in der Pariser Nationalbibliothek aufbewahrt wird.

Hortus Sanitatis (1517) verschiedene Steine

Tractatus

Caput. iij.

Alabandina. Isido. Alabandina dicta e stab Alabanda regiōe Asie. Est autem cristallini genus. Cuius color ad celidoniū vadit/ sed rarus. Arnol. Alabandina fulgorem habet qui est ruffus clarus: vt sardius.

Operationes

A ¶ Huius virtus est q̄ fluxum sanguinis prouocat et augmentat.
B ¶ Ex lapidario. Est alabandina cuius luxē emula sardi. Iudicis autem dignum de nomine fallit amicum.

q̄ b3 in nigro venas croceas. Est quartū genus indicū z varium q̄si sanguine sit aspsuz.

Operationes

A ¶ Dyas. Agathes valet ad morsuz scorpiōis alligatus vel illinitꝰ cū aq̄ statim tollit dolorē: tritus z vulneri aspersus vel in potiōe cū vino datus viperaꝫ curat morsus: portatus facundum/ prudentē/ amabilē z gratū facit.
B ¶ Isaac beniamin. Prīmū q̄dē genus aptū est ad regum formas q̄ lapidibꝰ insculpunt: z plurimi lapides hūt capita reguz insculpta.
L ¶ Et cuz iacent ad caput dormientis fertur ostendere multa simulachra somnioꝝ.
D ¶ Tertiū aūt genus q̄d creticū est facit: vt adiuuet vincere pucula z viribꝰ cōuenit cordis gratū z placentē facit: vt dicit Enax: et coloris facit hominem boni et facundum.

Caput. iiij.

Alabastrides/ Amandinus z Absinthus. Isido. Alabastrides est lapis cādidus: interstīctus varijs coloribꝰ Hunc cauant ad vasa vnguentaria: q̄m vnguenta optime seruare dicitur incorrupta. Nascitur circa thebas egiptias ad damascū syrie/ ceteris cādidior: probatissimus in India. Pli. lib. xvj. Alabastridez lapidē vocāt quē ad vnguentaria vasa cauant. Nascit̄ circa thebas egiptias z damascū Syrie. Hic ceteris cādidior: sz probatissimus est in Larmania/ mox in India: iā quidē in Syria atqꝫ in Asia. Vtilissimus aūt et sine vllo candore in Lappadocia. Probant̄ q̄ maxime coloris mellei in vertice maculosi atqꝫ nō translucidi: vicia sunt in his corneus/ colore candidus z q̄cquid vitro simile est. ¶ Scōm Alb. Lapis amandinus est gemma coloris varij. Lapis absinthus sm̄ Albertū: est de genere gemmarum colore vitrei rubeis virgulis.

Jaspis

Der Jaspis, eine Unterart des Chalzedons in kräftigem Rot, aber auch in Gelb, Braun oder Dunkelgrün, ist der erste Grundstein des Himmlischen Jerusalems und steht dort für den Apostelführer Petrus. Er symbolisiert die Kraft des Glaubens und schützt vor Dämonen und Gefahren.

Wie der Achat, der Onyx, der Sarder und der Chrysopras ist Jaspis eine spezielle Bezeichnung für eine Farbvariante des Chalzedons. Er ist meist undurchsichtig, manchmal immerhin durchscheinend. Seine Färbung kommt durch Spuren von Chlorit und Hämatit zustande. Der Jaspis ist kein besonders seltener Edelstein. In Deutschland findet man ihn unter anderem um Idar-Oberstein.

Schon der Römer Plinius erwähnt, daß der Jaspis im ganzen Orient als Amulett getragen werde. Marbod und Hildegard von Bingen empfehlen ihn beide gegen böse Geister, besonders Nachtgeister. Dabei schlägt Marbod vor, den Stein weihen zu lassen und in Silber gefaßt zu tragen, um seine Macht zu verstärken. Beide sagen, daß gebärende Frauen den Jaspis um den Hals oder in den Hand tragen sollen, um sich und das Kind vor Unheil zu schützen. Auch Albertus Magnus nimmt an, daß der Jaspis zu einer leichteren Geburt verhilft. Der rote Jaspis soll, wahrscheinlich wegen seiner Farbe, gegen Blutungen helfen. Hildegard wendet den Jaspis außerdem gegen Taubheit und Schnupfen an.

Es ist allerdings nicht immer sicher, ob die mittelalterlichen Schriften denselben Jaspis meinen wie wir heute, denn manchmal ist von einer durchsichtigen grünen Variante die Rede, so bei Marbod und in Adam Lonitzers *Kreutterbuch*, der Jaspis ist aber nur durchscheinend, nicht transparent.

Beim Jaspis zeigt sich eine Besonderheit, die auf einige im Mittelalter beschriebene Steine zutrifft: Ihre Wirkung soll sich verstärken oder verändern, wenn sie eine bestimmte Zeichnung tragen, wie Adam Lonitzer sagt: *So jemand einen grünen Jaspis mit einem Creutz findet / und denselbigen bey sich trägt / hat Glück zu Wasser.* Die Zeichnung darf jedoch nicht künstlich aufgebracht sein.

Nachdem in der Renaissance und im Barock kleine Vasen und Schalen aus Jaspis hergestellt worden waren, erfand im 18. Jahrhundert der Engländer Wedgewood eine Art von durchscheinendem farbigen Steinzeug, das ähnlich aussah, und verzierte es mit weißen Motiven, die antik wirken sollten. Er nannte es nach dem englischen Wort für Jaspis »Jasperware«.

Hortus Sanitatis (1517)
Mit einem Kreuz versehene Jaspis-Steine

qui poztauerit fecum ipfum ante ſigillationem factam cum eo:ſit tutus a fulgoze:ita ǫ
non cadit ſuper eum.Uirtus hec eſt multum
diuulgata inter homines.
¶Auicenna de viribus cozdis dicit: ǫ confoztat coz.

Caput. lxvj.

Iaſpis.Albertus. Jaſpis eſt lapis multozum colozum. Et habet ſpecies .x.
Melioz tamen eſt viridis tranſparēs:
habens in ſe venas rubeas. Debet autem in
argento propzie ligari. Hic in multis partibus inuenitur.

¶Itaǫ H
hunc lapid
¶Item iaſ
nes inimico

Ris.
lis:et
cit aū
mari rubzo
maximam c
germanie:q
uerenſem ci
omnes ſunt

Karneol

Der Karneol hat seinen Namen wahrscheinlich vom lateinischen Wort für die Kornelkirsche, die eine ähnlich rotbraune Farbe aufweist. Oft wurde sein Name jedoch abgeleitet von »carnis« für Fleisch, da er auch als fleischfarben beschrieben wird. In der christlichen Symbolik der Mittelalters kann er daher die Befreiung von fleischlichen Begierden bewirken. Um den Hals oder am Finger getragen, soll der Stein Wut und Ehrgeiz mildern.

Wie Achat, Onyx, Sarder und Jaspis ist der Karneol eine Unterart des Chalzedons, nämlich die Sorte des Steins, die durch Eisenoxid rotbraun bis rotgelb gefärbt ist. In Europa wird der Karneol in der Tschechei, der Slowakei und Rumänien gefunden, sonst auch in Ägypten, Arabien, Indien und Brasilien.

Der Karneol gehört zu den wenigen Steinen, für die der christliche Bischof Marbod von Rennes ein regelrechtes Zauberrezept gibt: *Für keusche Menschen ist dieser Stein geeignet zur Freiheit. Denn wer ihn geweiht hat und alles ausgeführt hat, was man mit ihm tun muß, wird völlige Freiheit erlangen. So aber muß man den erworbenen Stein zurichten: Schneide in ihn einen Skarabäus-Käfer. Dann unter dessen Bauch einen stehenden Menschen.*

Marbod »zaubert« jedoch nur zur höheren Ehre Gottes, wie man aus der Fortsetzung erkennen kann: *Nachher soll man ihn mit einer goldenen Anstecknadel weihen und an einen vorbereiteten und geschmückten Ort setzen, damit er dort die Ehre zeigt, welche Gott ihm verliehen hat.*

Adam Lonitzer bestätigt, daß in den Karneol nicht nur Skarabäen, sondern überhaupt viele *Bildnuss eingegraben* wurden, er erwähnt außerdem, daß man ihn zur Herstellung von Rosenkränzen benutzte. In der Heilwirkung des Karneols sind sich ausnahmsweise Hildegard, Marbod und Albertus einig: Der Karneol stillt Blutungen und besänftigt Zornausbrüche.

Naturgeschichte der drei Reiche (1901)
Karneol

Koralle

In leuchtendem Rot oder zartem Weiß dient die Koralle seit urdenklichen Zeiten als Schmuckstück und Amulett. Sie schützt vor allem Bösen.

Noch weniger als die Versteinerungen gehört eigentlich die Koralle unter die Mineralien. Bei dem, was wir heute als Schmuck einsetzen, handelt es sich um das Kalkskelett von unter Wasser lebenden Nesseltieren. Dabei sitzt bei diesen Tieren, ähnlich wie beim Schwamm, das Skelett außen, während die eigentlichen Tiere als große Kolonie in den Röhren wachsen und untereinander durch ein System von Ernährungsröhren verbunden sind. Es gibt ungefähr 4800 Korallenarten, von denen nur einige ein Außenskelett aus Kalk bilden. Die sogenannten Riffkorallen brauchen eine Wassertemperatur von mindestens 20 Grad Celsius und sauberes, nährstoffreiches Wasser. Dann können sie in einer Meerestiefe bis zu 40 Metern wachsen. Korallenriffe entstehen daher vor allem im Indischen und Pazifischen Ozean.

Als Abwehrmittel gegen den bösen Blick wurde die Koralle von den Römern wie von den Kelten geschätzt, wie Plinius erzählt. Man hat in Süddeutschland keltische Waffen aus der Bronzezeit gefunden, die wahrscheinlich aus diesem Grund mit Korallen geschmückt waren. Schon damals also waren Korallen so begehrt, daß man mit ihnen vom Mittelmeer bis über die Alpen handelte. Rote Korallen fischte man vor der Küste der französischen Provence, Korsikas und Sardiniens, außerdem vor Genua und Neapel. In Rom, Neapel und Genua saßen damals wie heute zahlreiche Handwerker, die aus den Korallen Schmuckstücke herstellten.

Gegen den bösen Blick soll in Italien bis heute ein Korallenzweig helfen, der um den Hals getragen wird. Schon Plinius erwähnt, daß bei den Römern ein Anhänger aus Koralle besonders kleine Kinder beschützen sollte. Auch zu den alten Brauttrachten gehörten oft Korallenschnüre, um die Braut vor Unheil zu schützen. Bei Römern und Griechen war die Koralle besonders als Heilmittel beliebt. Der griechische Arzt Dioskurides empfiehlt, sie in Wasser zu reiben und zu trinken. Sie soll gegen Kopfschmerzen, Epilepsie und Hautausschlag helfen. Bis ins 19. Jahrhundert hinein gehörte die Koralle zur Standardausstattung der Apotheken. Vielleicht gab es eine medizinische Wirkung durch das in der Koralle enthaltene Kalzium.

Knorr, Delices physiques (1766) rote Koralle

Marina.

Georg Wolffgang Knorr sculp. et excudit.

Lapislazuli (Lasurit oder Lasurstein)

Der Lapislazuli galt als Stein des Himmels, aus dem auch Gottes Thron gemacht sein sollte – die kleinen goldenen Einschlüsse waren die Sterne. Sein einzigartig warmes Blau war von alters her begehrt, es schmückte Stundenbücher und Madonnenmäntel, symbolisierte himmlische Güter und Weisheit.

Der Lapislazuli gehört zur großen Kristallgruppe der Silikate, seine chemische Formel enthält außerdem Natron und Tonerde, sie ist jedoch recht kompliziert und variiert durch verschiedene Beimengungen. Nur selten wird es in Kristallen gefunden, meist in Brocken. Besonders schön leuchtet die Kombination von Lapislazuli mit kleinen goldenen Einsprengseln von Schwefelkies (Pyrit). Neben den traditionellen Fundorten in Afghanistan gibt es Minen für Lapislazuli in Italien, am Baikalsee in Südsibirien, in Tibet, China und Chile.

Daß Plinius an den Lapislazuli denkt, wenn er von Saphiren spricht, läßt sich leicht erkennen: Er sagt, der Stein sei niemals durchscheinend und mit Goldpünktchen durchsetzt.

Im Mittelalter war der Lapislazuli nicht nur als Edelstein begehrt, sondern wurde zerrieben, in tagelanger Arbeit gereinigt und als kostbarer Farbstoff benutzt. Sein Name »Lasurstein« enthält das arabische Wort »azur« für blau. Ein anderer Name für diese kostbare Farbe war »Ultramarin«, weil die Farbe von weither, von jenseits (lateinisch »ultra«) des Meeres (lateinisch »mare«) kam. Marco Polo hörte auf seiner Reise nach China von den Lapislazuli-Minen und fand sie wichtig genug, um sie in seinem Reisebericht zu erwähnen. Wer das warme, sanfte Blau des Lapislazuli sieht, kann leicht glauben, daß die mittelalterlichen Steinbücher von Konrad Megenberg und Adam Lonitzer ihn gegen Melancholie empfehlen.

Bei Hildegard von Bingen und Marbod von Rennes könnte man vermuten, daß sie den Lapislazuli meinen, wenn sie den Saphir als einen Stein von warmer Farbe beschreiben, der den Himmel symbolisiert. Bei Marbod ist er der Stein der Menschen, die nach Höherem streben, bei Hildegard verhilft er zu Verstand und Einsicht. Kleinen Kindern hängte man Amulette aus Lapislazuli um, um sie vor Ängsten und Schrecken zu schützen.

*Kenngott,
Naturgeschichte des
Mineralreichs
(1888)*
Lapislazuli

23. Vesuvian vom Vesuv.

24. Vesuvian aus Piemont.

27. Chrysolith aus dem Orient.

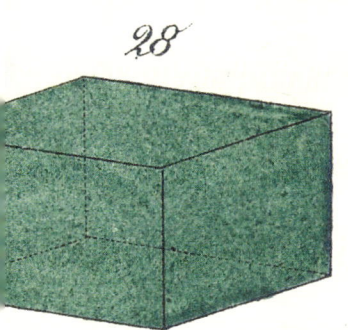

...idotkrystall.

29. Epidot von Arendal.

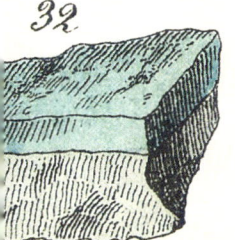

Türkis.

34. ...ürkise geschliffen.

35. Lasurstein aus Sibirien.

36. Lasurstein aus der Tartarei mit Pyrit.

Magnetit

Magnetit ist sicherlich niemals als Schmuckstein benutzt worden, trotzdem gehört er zu den bekanntesten Steinen: Seine geheimnisvolle Kraft, Eisen anzuziehen, fasziniert heute wie vor Tausenden von Jahren.

Magnetit ist ein Eisenerz, seine chemische Formel lautet Fe_3O_4. Es bildet achteckige, schwarze Kristalle, die stumpf glänzen. Bemerkenswert ist, daß sich der Magnetit im Gegensatz zu magnetisiertem Eisen seine Kräfte nicht austreiben läßt: Selbst wenn man ihn stark erhitzt, zieht er das Eisen wieder an, sobald er abgekühlt ist.

Valentini, Museum Museorum (1714) Magnetit

Wegen seiner Kräfte wurde der Magnet auch »Stein des Herakles« genannt, Den griechischen Naturforscher Theophrast faszinierte das Phänomen: Er ist wahrscheinlich der erste, der eine Verwandtschaft zwischen den Anziehungskräften von Bernstein und Magnetit vermutet. Die älteste erhaltene Schrift, die den Magneten beschreibt, ist jedoch nicht naturwissenschaftlich orientiert: Der griechische Philosoph Platon macht sich in seinem Dialog *Ion* Gedanken über die Dichtkunst und die Weisheit der Dichter. Er will die Dichtkunst als göttliche Kraft der Muse sehen und vergleicht sie mit dem Magnetismus: *Denn dieser Stein bewegt nicht nur die kleinen Eisenringe, sondern er teilt ihnen seine Kraft mit, so daß sie dasselbe tun können wie der Stein selbst, nämlich andere kleine Ringe bewegen, so daß manchmal eine lange Kette von Eisenstückchen und Ringen aneinander hängt. So begeistert auch die Muse selbst Menschen, und an diesen hängt eine Kette von weiteren Begeisterten.*

Der Römer Plinius erzählt Geschichten über den Magneten, die noch lange weiterlebten: In Äthiopien, also aus seiner Sicht am südlichen Ende der Welt, sollte es einen Berg geben, der alles Eisen anzieht. Am Fluß Indus, so sagt er, stehen zudem zwei Berge, von denen der eine alles Eisen anzieht, der andere es abstößt. Wenn man daher Eisennägel in den Schuhen hat, kann man auf dem einen die Schuhe nicht anheben, auf dem anderen sie nicht niedersetzen. Die anziehenden und abstoßenden Kräfte des Magneten erscheinen in Marbods Anwendung des Magnetits: Er kann die Zuneigung eines Ehepaars vergrößern oder verkleinern, und er dient sogar als Probe für die Treue der Ehefrau: Wenn ein Magnet unter dem Bett versteckt wird, wird eine treue Frau noch im Schlaf in die Arme ihres Mannes gezogen, eine untreue wird abgestoßen und fällt aus dem Bett.

Das XVII. Capitel.
Von dem Magnet/ Blut-Stein und Schmergel.

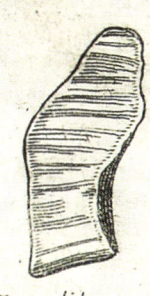
Lap. Hæmatites

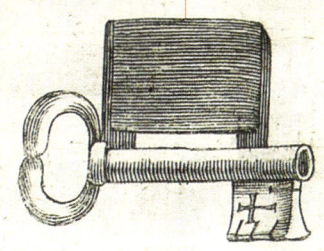
Magnes armatus cum clavi ferreâ

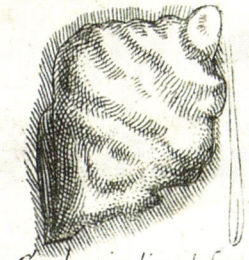
Magnes Crudus in limat. ferri

§. 1.
Der Magnet-Stein (MAGNES) ist ein schwartz-grauer/ harter/ doch nicht so gar schwerer Stein/ welcher (nach gemeiner Art zu reden) das Eisen an sich ziehet/ und sich immer nach den Polis wendet: wird häuffig in dem Joachims-Thal und zu Schneeberg in Meissen/ umb die Eisen-Gruben gefunden/ weßwegen er auch in der Griechischen Sprach SIDERITIS genennet wird; Wiewohlen in Franckreich in der Spitz eines Glocken-Thurns auch ein Magnet gefunden worden/ worvon *M. Vallemont* einen *Curiosen* Tractat geschrieben. *Vid. Pomet. Hist. simpl.* P. 3. l. 2. pag. 6.

§. 2.
Der Unterscheid dieses Steins wird entweder von denen Landen/ woraus er kommet genommen/ welcher doch auch an der Farb zu erkennen ist/ indem der beste/ so aus Æthiopien kommet/ schwartz/ aber sehr rar ist: Der Ost-Indianische aus China und Bengala, Leber-farbicht: der Arabische röthlich: und der gemeine aus Schweden/ Dennemarck und Teutschland Eisen-farbicht aussiehet; wie sich dann auch ein weisser Magnet-Stein finden soll/ welcher von den Italiänern CALAMITA BIANCA genennet wird. So machet auch der Effect und die Krafft keinen geringen Unterscheid des Magnets/ in Ansehen deren der gemeine das Eisen ziehet und sich zugleich nach dem Pol-Stern wendet: die zweyte Art sich allein nach dem Pol-Stern wendet/ aber kein Eisen ziehet/ welche uffs S. Georgen-Berg in Böhmen gegraben wird/ wie aus des *Balbini Hist. Boh. Lib.* 1. pag. 82. zu sehen ist: die dritte einen andern Magneten ziehet: welchen andere die vierdte Bleser genandt wird/ wie ihn *Boëtius de Boot Tr. de Lap. ac Gemm. Lib.* 2. cap. 249. pag. 441. nennet.

§. 3.
Diese Krafften des Magneten bestehen nicht in dessen Grösse und Quantität/ sondern in gewissen Adern/ indem man zuweilen einen kleinen Magneten antrifft/ welcher ein viel grösser Gewicht hält/ als ein grosser/ welches an derjenigen Magnet-Kugel/ so zu Londen in Gresham Colledge gezeiget wird/ zu sehen ist/ so eben kein sonderlich grosses Gewicht hält/ ob sie schon 60. ℔. schwer ist/ wiewohlen sie die Nadeln uff 9. Schuh weit beweget/ wie die Herrn *Lipsienses* in ihren *Actis A.* 82. Mens. Febr. aus dem *Grevv* wohl *observiren*. Weßwegen dann auch der Preiß dieses Steins nicht nach der Grösse/ sondern nach den Qualitäten angesetzet wird/ und ein Magnet/ welcher 20. ℔. hält/ neulich in Holland vor 1000. Gulden verkauffet worden ist/ wie mir der berühmte *Mechanicus* zu Leyden/ Herr *Muschenbroeck* geschrieben hat. Woher aber die so wunderbare Würckungen des Magneten herrühren? wird noch heut zu Tag von den Naturkündigern erforschet/ und hat *Gilbertus* davon einen besondern *Tractat* geschrieben/ welche *Subtilitäten* auf den *Cathedren* und nicht in die *Material*-Kammer und Apothecken gehören. Dieses nur ist zur *Conservirung* desselben zu wissen nöthig/ daß man den rohen Magneten immer in Feilstaub halte/ dem gefasten Magneten aber immer sein Gewicht lasse/ sonst ersterben sie bald. Man muß sie auch sauber halten/ und nicht mit Fette oder anderm Unrath beschmieren/ sonsten verderben sie/ oder ziehen so generos nicht/ wie zuvor; daß aber sol-

Malachit

Der Malachit hat seinen Namen von der Malve, da seine grüne Farbe ihren Blättern gleichen sollte. Er ist der Schutzstein der kleinen Kinder.

Der Malachit gehört zur Mineralgruppe der Carbonate. Seine chemische Formel lautet $Cu_2[(OH)_2|CO_3]$, er ist also ein Kupfererz aus kohlensaurem Kupferoxid und Wasser. Seine leuchtend grüne Farbe verdankt der Malachit dem enthaltenen Kupfer, und man findet ihn auch in Kupferminen. Dort bildet er nicht nur Kristalle, sondern auch dicke Knollen, in denen man beim Aufschneiden Strukturen findet, die an Jahresringe erinnern. Der Malachit ist nicht sehr hart (Härtegrad 4), und er löst sich in Salzsäure. Dagegen ist er recht schwer (Dichte um 4). Gefunden wird der Stein, der nicht übermäßig selten ist, vor allem in Namibia, Zaire und Australien, aber ebenso in Deutschland, zum Beispiel in Betzdorf im Westerwald. Die Fundorte in Sibirien waren zur Zarenzeit besonders bedeutend.

Bei Plinius sind die Malachite noch eine Unterart der Smaragde, daran zu erkennen, daß sie in Kupfergruben gefunden werden. Er lobt ihre satte, feucht wirkende Farbe. Bei Marbod heißt der Stein »Melochita« und gilt schon als Schutzstein für Kinder. Diese Eigenschaft und seine Schönheit, sagt Marbod, geben dem Stein seinen Wert.

Schon das ungeborene Kind im Bauch der Mutter sollte besser gedeihen, wenn die Mutter einen Malachitstein trug. Der Stein sollte außerdem die Geburt erleichtern und wurde von Hebammen als Glücksbringer getragen. Kleine Kinder sollte der Malachit vor allen Gefahren und Schmerzen, besonders aber vor Hexerei beschützen. In Italien wurde den Kindern eine Scheibe aus Malachit umgehängt, auf der die Maserung des Steins einen Kreis oder ein Auge bildet. So kann sich kein »böser Blick« auf das Kind richten, weil der Stein immer zurückschaut. In Deutschland schnitt man im 18. Jahrhundert zum selben Zweck herzförmige Anhänger.

Kenngott,
Naturgeschichte des
Mineralreichs
(1888)
Malachit

XVIII.

1. Krystallgruppe des Cuprit.

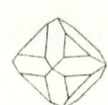
2. Cupritkrystall.

3. Cupritkrystall.

4. Azurit von Chessy.

5. Azuritkrystall.

6. Azuritkrystall.

7. Azurit auf Sandstein.

9. Malachitzwilling.

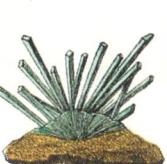
8. Malachitkrystalle auf Limonit.

10. Malachit aus Sibirien.

11. Malachit auf Brauneisenerz.

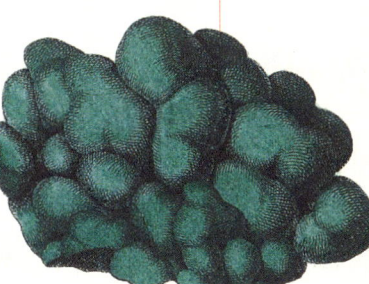
12. Malachit aus Sibirien.

13. Lunnit auf Hornstein.

14. Libethenit von Libethen.

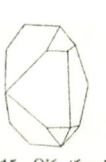
15. Libethenitkrystall.

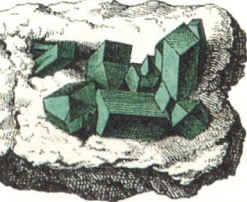
16. und 17. Dioptas.

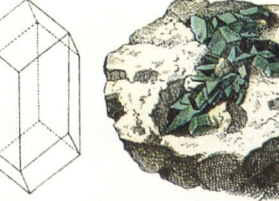
19. Chalcophacit auf Quarz.

18. Euchroitkrystalle auf Glimmerschiefer.

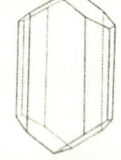
20. Chalcophacitkrystall. 21. Olivenitkrystall.

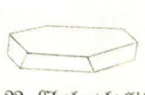
22. Chalcophyllitkrystall.

23. Kupfervitriolkrystall.

Marienglas (Selenit)

Marienglas ist eine besondere Form von Gips, die auch »Moskauer Glas« genannt wird. Seit es Fensterglas gibt, ist das Marienglas das Glas der armen Leute, das ihre Fenster verschließt, aber ebenfalls zu Amuletten in Form von Kreuzen und Herzen geschnitten wird, deren Kraft vom Mond abhängen soll.

Gips ist eine Verbindung von Kalk und Schwefel ($CaSO_4 2H_2O$), sie entsteht heutzutage zum Beispiel als Abfallprodukt in Rauchgasentschwefelungsanlagen. Das Mineral sieht jedoch nicht immer aus wie das weiße Pulver, das man aus dem Baumarkt kennt: Gips kann große, durchsichtige Kristalle bilden, die sich leicht in Platten aufspalten lassen und perlmutterfarben schimmern. Diese Platten sind sehr weich, man kann sie mit dem Finger ritzen, und Mohs hat Gips als typisch weichem Material die 2 auf seiner Härtegradskala zugeteilt. Sehr selten bilden die Gipskristalle schöne Rosetten, die man »Wüstenrosen« nennt. Erst gemahlen entsteht daraus unser Baumaterial Gips.

Lange, Historia lapidum figuratorum Helvetiae (1708) Selenit

Ein Pulver aus Marienglas galt als Heilmittel gegen allerlei Krankheiten, von Epilepsie bis zu Hämorrhoiden. Es wurde außerdem zur Zahnreinigung benutzt. Adam Lonitzer sagt vom Gips, er *zeucht zusammen und erkältet*, das heißt, er hat eine zusammenziehende, kühlende Wirkung. Daher streicht Lonitzer Gips auf die Stirn, um Blutungen zu stillen.

Wahrscheinlich handelt es sich auch beim Selenit, von dem schon Plinius und Marbod sprechen, um einen Schmuckstein aus Marienglas und nicht um unseren heutigen Mondstein. Dieser Meinung sind jedenfalls die Naturforscher der Renaissance, Agricola und Gesner. Die Kräfte des Seleniten sollen mit auf- und zunehmendem Mond schwanken. Wie der Mond führe dieser Stein Liebende zusammen.

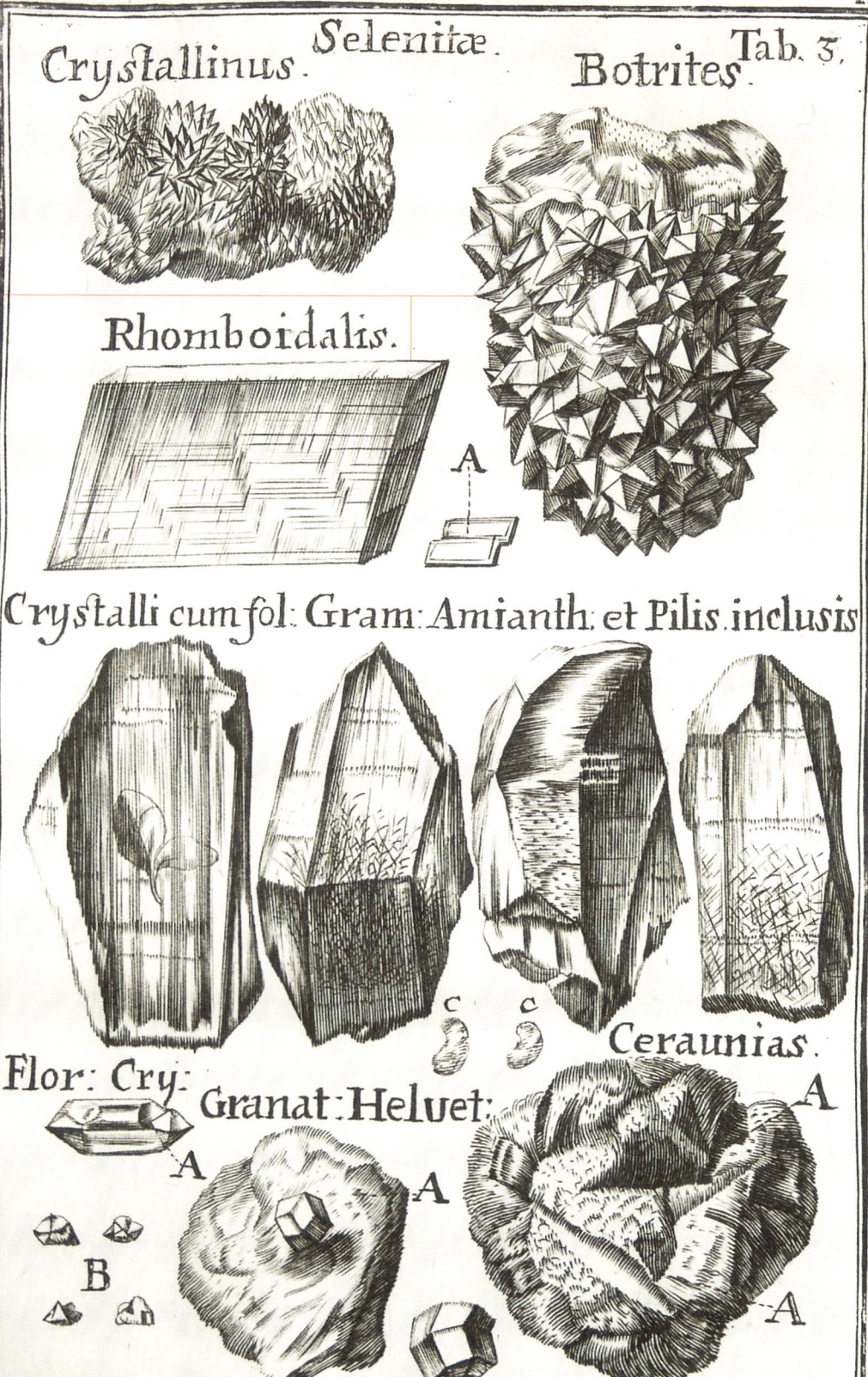

Mondstein (Adular)

Der antike Mondstein oder »Selenites« von griechisch »Selene«, Mond, war wohl meist unser Marienglas, doch auch der heutige Mondstein trägt diesen Namen schon seit dem 18. Jahrhundert. Im Mittelalter gab es sicherlich einige Steine, die diesen Namen führten, neben dem heutigen Selenit wahrscheinlich unser Mondstein, aber ebenfalls der Amazonit, beides Arten des Feldspats.

Der heutige Mondstein gehört zur Gruppe der Feldspate, einer bedeutenden Gruppe der Silikate, und dort wiederum zum Mineral »Adular«, benannt nach dem Adulagebirge in den Alpen. Die bläulich bis silbrig schimmernden Exemplare dieser Art haben den Namen Mondstein erhalten. Während Feldspate auf der ganzen Welt verbreitet sind, kommen Mondsteine heute vor allem aus Sri Lanka, Südindien und Tansania. Mondsteine werden nicht in Facetten, sondern rund geschliffen, um ihren sanften Glanz zu betonen.

Die Geschichten, die man sich über den Mondstein erzählt, betonen seine Verbindung mit dem Mond: Seine Kraft sollte mit diesem zu- und abnehmen. Marbod betont, daß ihn diese Verbindung mit dem Himmel zu einem heiligen Stein mache.

Unter dem Namen Adular ist der Mondstein in der modernen Wissenschaft zu neuen Ehren gekommen: Einen bestimmten Lichteffekt, der durch die Überlagerung von Lichtwellen an den Lamellen des Steins zustande kommt, nennt man »Adularisieren«.

Buc'hoz,
Centurie des planches
(1777–1781)
Gruppe von Spatkristallen mit Pyrit

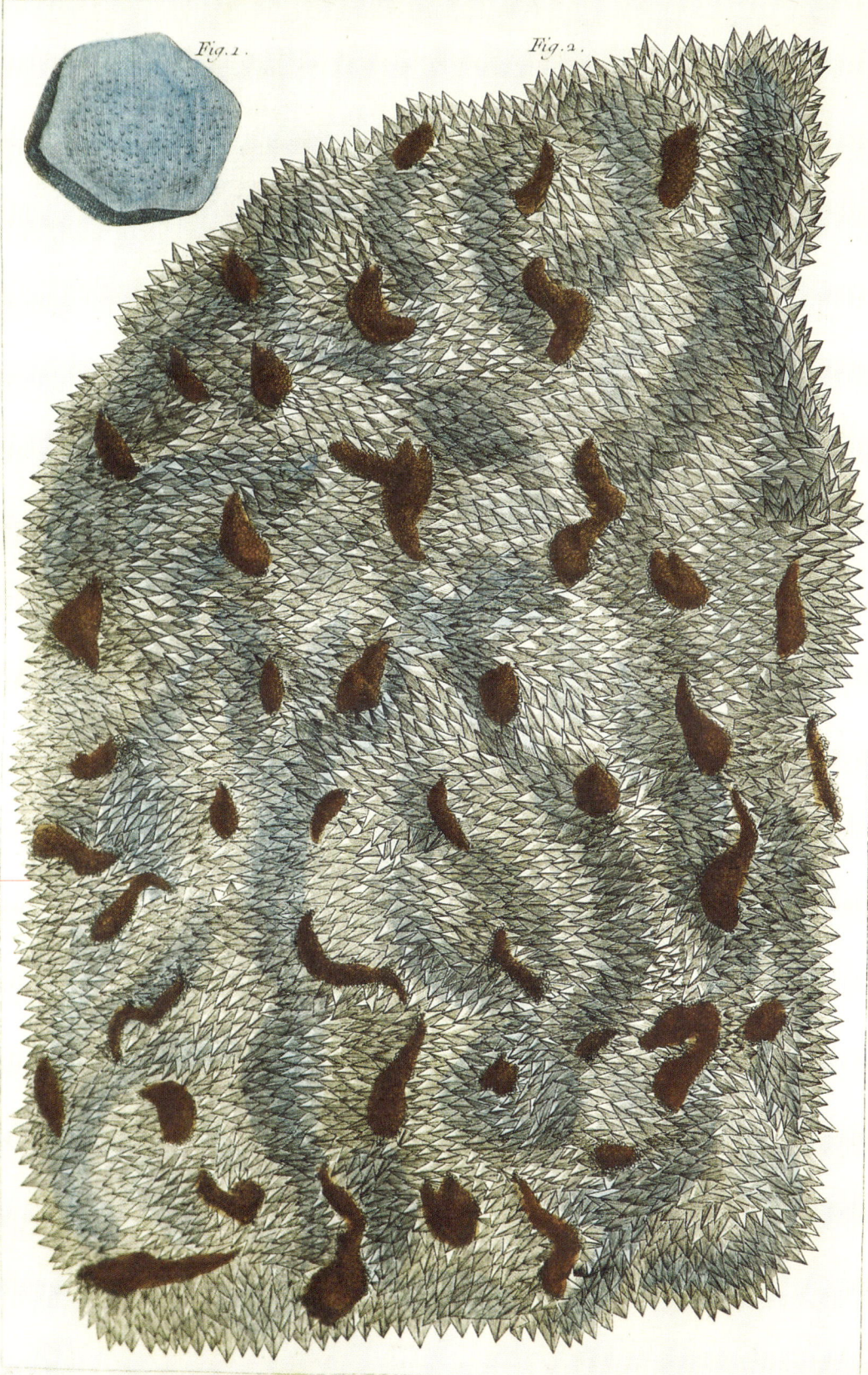

Onyx

Wie der Sardonyx gehört der Onyx zu den typischen Schmucksteinen der Antike. Seine verschiedenfarbigen Lagen machten ihn besonders geeignet zur Herstellung von Gemmen.

Der Onyx ist wie der Achat und der Jaspis eine Variante des Chalzedons, also ein Quarz, in dem man die Kristalle nicht mit bloßem Auge erkennen kann. Seit der Antike bezeichnet man mit diesem Namen die Chalzedonsorten, die parallele Streifen in Weiß und Schwarz aufweisen. Sind noch rote oder rot-bräunliche Streifen dabei, spricht man von Sardonyx. Während der Stein damals aus Indien bezogen wurde, kommt er heute vor allem aus Brasilien und Uruguay.

Der Onyx hat seinen Namen vom altgriechischen Wort für Fingernagel, weil seine weißen Streifen dem Weiß im Nagel gleichen. Deswegen hielt man ihn für ein gutes Heilmittel gegen Nagelkrankheiten. Ein nagelförmiges Geschwür auf der Hornhaut hieß früher »Onyx« und sollte geheilt werden, indem man mit einer glatten Seite des Steins durch das Auge ging.
Marbod steht dem Onyx ausgesprochen skeptisch gegenüber: Ketten und Ringe aus Onyx, so befürchtet er, fördern Alpträume und Gespenstererscheinungen im Schlaf und ziehen dem Besitzer im täglichen Leben Ärger und Streitereien zu. Es erstaunt, daß er einem Stein, der im Brustschild des Hohepriesters sitzen sollte, keine besseren Eigenschaften zuweist – vielleicht wegen der unheilverkündenden schwarzen Farbe? Immerhin sagt er in einem anderen Gedicht, daß der Onyx die Macht gibt, Visionen auszulegen. Hildegard von Bingen dagegen nennt zahlreiche Krankheiten, gegen die der Onyx eingesetzt werden soll: Augenkrankheiten, Schmerzen in den Händen oder in der Seite, Magenschmerzen, Schmerzen in der Milz und Fieber. Gegen Traurigkeit hilft es ihr zufolge, den Onyx anzusehen oder in den Mund zu nehmen.

Baier, Gemmarum Thesaurus (1720)
Eine Gemme aus Onyx zeigt einen von Kentauren gezogenen Triumphwagen.

TABVLA XXVI.

GEMMAE AVGVSTEAE, singulari commentario a Perillustri *Cupero* explicatæ, pulcherrimum exemplar hic apparet, CVRRVM referens TRIVMPHALEM, a binis CENTAVRIS tractum, quorum alter *militarem thoracem* & *clypeum* sustinet, alter eleuata manu digitisque extensis VICTORIAM monstrat, *cum laurea* superne aduolantem. In medio curru sedet AVGVSTVS capite laureato, *fulmen* in manu gerens, eoque ipso *Iouem fulminantem* repræsentans: Altera manu amplectitur assidentem, *Iunonis habitu*, LIVIAM suam. Pone *Augustum* collocata est soror ipsius OCTAVIA, vti quidem Clar. *Grauius* existimauit, tametsi laudatus *Cuperus* IVLIAM magis esse suspicetur; quemadmodum etiam *puer*, ante *Augusti* pedes considens, baculumque aut sceptrum tenens, *galeatus*, *Martis iuuenis* forma, non MARCELLVM, sed TIBERIVM indicare eidem videtur. Cæterum adiacet currui CANTHARVS, bibacitatem fortasse arguens *Centaurorum*, qui ambo, sublatis pedibus, quasi mox conculcaturi sunt prostratos ante se
Augusti hostes.

Opal

In der Antike hochgeschätzt, im Mittelalter Stein der Kaiser und Glücksbringer, wurde der Opal danach lange Zeit als Unglücksbringer angesehen und durfte nicht verschenkt werden. Doch diese Zeiten sind längst vorbei, und seit dem Ende des 19. Jahrhunderts ist der Opal wieder ein beliebter Schmuckstein.

Der Opal gehört zu den wenigen Edelsteinen, die keine Kristalle bilden: Er ist »amorph« wie das Fensterglas, denn seine Moleküle sitzen nicht in einem festen Gitter. Auch seine Härte ist ähnlich wie die des Fensterglases, um 6 herum. Zum größten Teil besteht der Stein aus Kieselsäure (SiO_2), zu einem geringeren Anteil aus winzig kleinen Wassereinschlüssen, die den Stein zum Funkeln bringen. Der Opal ist nicht selten und wird in der chemischen Industrie verwendet, da er gut isoliert und säurefest ist. Selten sind hingegen Opale, die man als Schmucksteine verwenden kann. Diese haben je nach Farbe einen eigenen Namen, wie zum Beispiel Edelopal, Feueropal, Milchopal usw. Die funkelnden Edelopale werden vor allem in Australien gefunden, wo neben den großen Bergbaugesellschaften immer noch zahlreiche Einzelgänger ihr Glück versuchen.

Schon in der Antike wurde der Opal unter die wertvollsten Edelsteine gezählt. Plinius erzählt, im römischen Bürgerkrieg zwischen dem späteren Kaiser Augustus und Marc Anton habe dieser einen römischen Senator verbannen lassen, nur um an dessen Opalring zu kommen. Der Senator verzichtete jedoch nicht auf den Ring, um dem Exil zu entkommen, sondern nahm den Opal mit ins Exil. Seine Stellung als ganz besonderer Stein zeigte der Opal auch in der deutschen Kaiserkrone: Ihr schönster Stein wurde allgemein als einzigartig empfunden und deswegen der »Waise« genannt. Leider ist der Stein seit dem späten Mittelalter verschollen. Albertus Magnus hat ihn noch gesehen und beschreibt ihn als weiß mit einem weinroten Schimmer. Wahrscheinlich handelte es sich um einen Feueropal.

Der Ring, der in Lessings berühmter Ringparabel einen Erben und damit eine Religion als von Gott bevorzugt erweisen soll, ist ein Siegelring und trägt einen Opal: *Vor grauen Jahren lebt' ein Mann in Osten, / Der einen Ring von unschätzbarem Wert' / Aus lieber Hand besaß. Der Stein war ein / Opal, der hundert schöne Farben spielte, / Und hatte die geheime Kraft, vor Gott / Und Menschen angenehm zu machen, wer / In dieser Zuversicht ihn trug.*

Kenngott, Naturgeschichte des Mineralreichs (1888) Opale

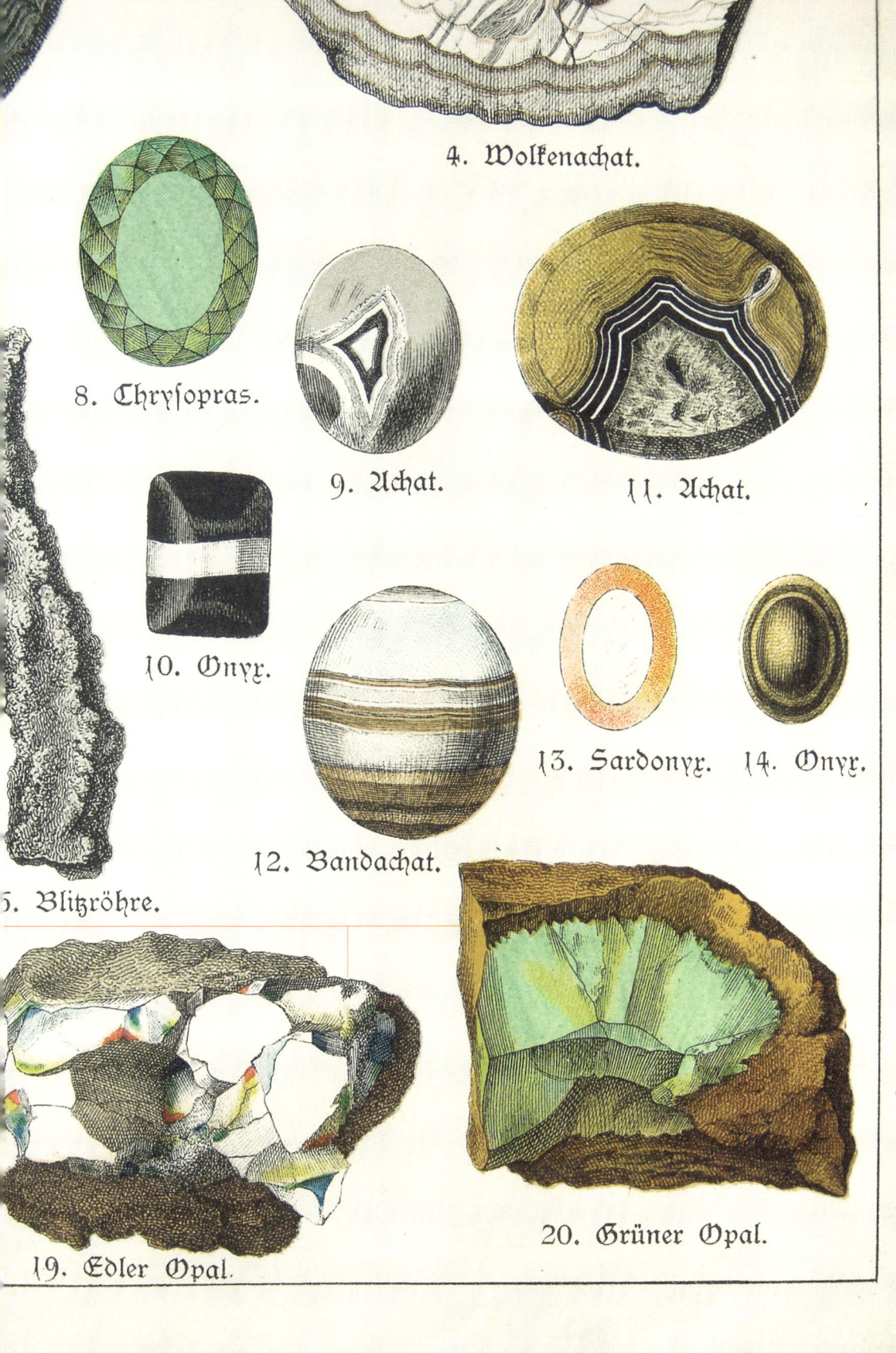

Perlen

Wie die Korallen sind die Perlen keine Mineralien im engeren Sinn, sondern Erzeugnisse von Tieren, nämlich von Muscheln. Im Mittelalter bewunderte man ihre »jungfräuliche Geburt« aus der Muschel und verglich sie daher mit Christus.

Perlen bestehen aus ein wenig Wasser und vor allem Kalkplättchen (Calciumcarbonat $CaCO_3$), die durch Conchin zusammengehalten werden. Conchin ist eine organische Substanz, die ähnlich aufgebaut ist wie der Panzer von Insekten. Der Glanz der Perlen kommt durch die vielen dünnen Kalkplättchen zustande, die das Licht unterschiedlich brechen. Die Perlmuscheln bilden die Perlen aus dem gleichen Material, aus dem das Innere ihrer Schalen gemacht ist, um ihre empfindlichen Innereien vor eingedrungenen Fremdkörpern zu schützen. Bei Zuchtperlen wird ein solcher Fremdkörper absichtlich in die Muschel eingesetzt. Um eine Perle von verwertbarer Größe zu bilden, braucht eine Muschel fünf bis zehn Jahre. Perlentaucher suchen die Perlmuscheln vor allem im Indischen Ozean und im Persischen Golf, aber auch in der Südsee und vor den Küsten Mittelamerikas und Australiens. Süßwasserperlen aus Flüssen sind wesentlich seltener, sie schimmern bunter als die Salzwasserperlen.

Obwohl man die Perlen in der Antike von weither, aus Indien, bezog, wußte man doch, daß sie in Muscheln gefunden werden. Es war nur nicht bekannt, wie sie in die Muscheln hineinkamen. Plinius vermutet, daß Himmelstau in die Muscheln eindringe. In dieser Geschichte sah man im Mittelalter ein Symbol für die jungfräuliche Empfängnis Marias: Auch Maria war durch »Himmelstau« schwanger geworden und hatte einen wertvollen Schatz zur Welt gebracht. Eine einzelne Perle in einem Kunstwerk sollte daher oft Christus symbolisieren. Zu dieser Symbolik trug das Gleichnis aus dem Matthäusevangelium bei, in dem das Reich Gottes mit einer kostbaren Perle verglichen wird, deren Entdecker alles verkauft, um sie zu besitzen. Mehrere Perlen, wie an den Toren des Himmlischen Jerusalems, können aber auch für die Heiligen stehen. Im Mittelalter fürchtete man, daß eine schlechte Wasserqualität giftige Perlen zur Folge haben könnte. Solche Zweifel kannte die ägyptische Königin Kleopatra noch nicht: Sie ließ sich Perlen in Essig auflösen und trank sie als Schönheitsmittel. Nach einer alten Tradition soll eine Braut bei der Hochzeit keine Perlenkette tragen: »Perlen bedeuten Tränen«, sagt man in diesem Fall.

Rymsdyk, Museum Britannicum (1778)
Auster mit Perlen

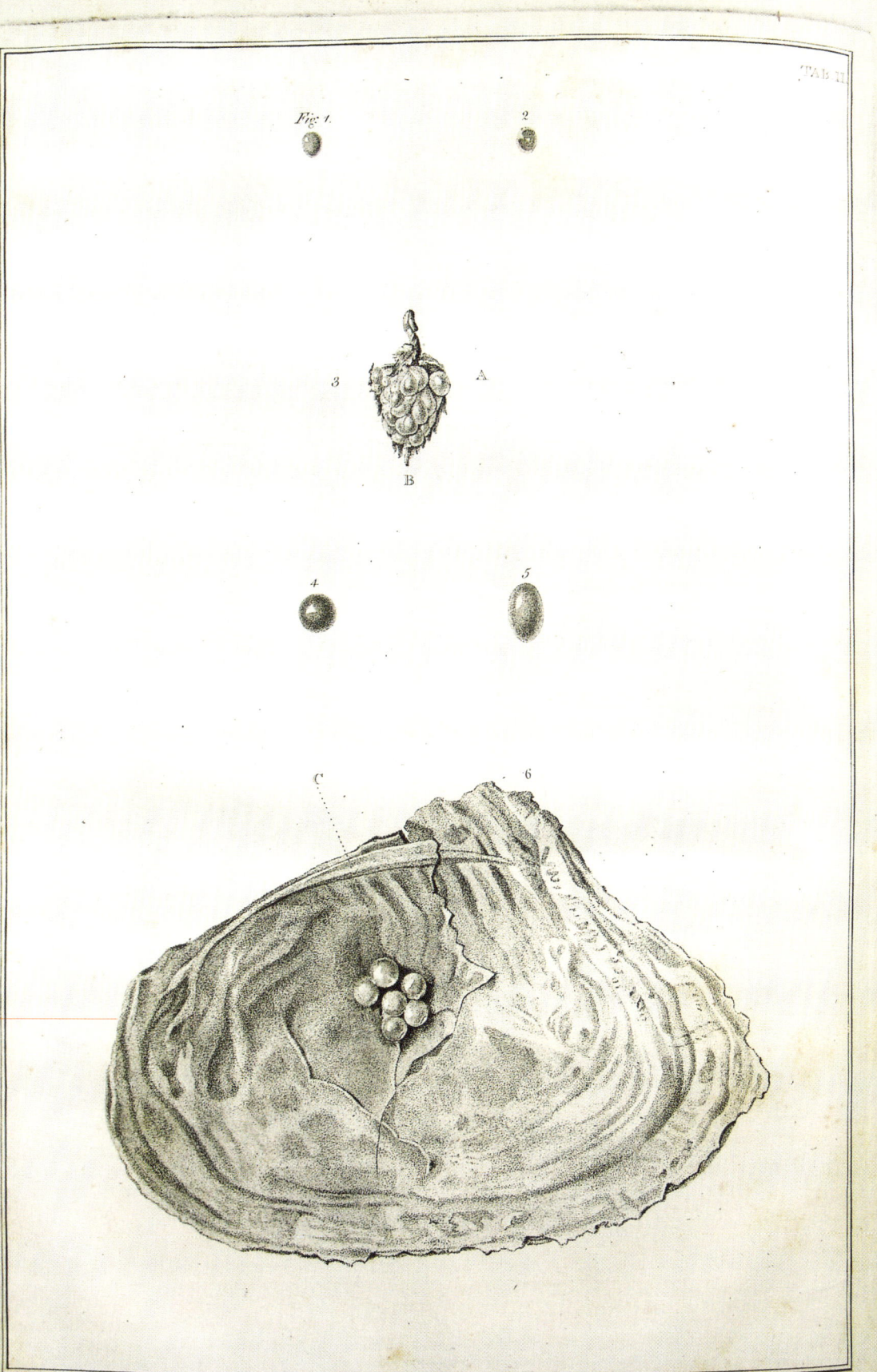

Pyrit (Markasit, Schwefelkies)

Der Pyrit hat seinen Namen zu Recht vom griechischen Wort für Feuer, »pyr«. Wenn man ihn mit einem Kiesel oder einem Stück Stahl anschlägt, gibt er Funken ab, mit denen sich leicht ein Feuer entzünden läßt. Das mit einem Feuerstein neu entfachte Feuer galt als besonders rein und wie der Stein selbst als Schutz gegen Blitze.

Pyrit und Markasit haben beide dieselbe chemische Formel: FeS_2, beide gehören damit zur Mineralgruppe der Sulfide, doch Eisen und Schwefel haben sich bei ihnen zu verschiedenen Kristallformen verbunden. Während die Pyritkristalle würfelförmig und golden sind, bildet der Markasit achteckige, goldfarbene Säulen mit einem leichten Grünton. Er entsteht bei niedrigeren Temperaturen als Pyrit und wandelt sich bei über 400 Grad Celsius in diesen um. Pyrit kommt recht häufig vor, er ist die verbreitetste Schwefelverbindung. Während man Pyrit nur selten für Schmuckstücke verwendet, ist der Markasit ein Schmuckstein.

Nach mehreren Jahren im römischen Militärdienst beschreibt Plinius, wie dort der Feuerstein eingesetzt wurde: Die Vorhut, die im unbekannten Terrain einen neuen Lagerplatz auskundschaftete, konnte nicht ständig etwas Glut, etwa in einem Tontopf, mit sich führen. Für ein neues Feuer ließen die Soldaten die Funken aus dem Feuerstein auf eine Mischung aus trockenem Laub und einem getrockneten Baumpilz, dem »Zunder« oder Feuerschwamm, fallen, der besonders leicht Feuer fängt.
Das Osterfeuer und das Herdfeuer in einem neuen Haus wurden mit Pyrit oder einem anderen Feuerstein erzeugt, sie sollten sozusagen völlig neu geboren sein und nicht von einem anderen Feuer »angesteckt«.
Adam Lonitzer gibt in seinem *Kreutterbuch* auch einige Heilwirkungen für den Pyrit an: *Der Kiß auf Griechisch Pyrites, Lateinisch und Arabisch Marchasita, Franzhösisch Piere à feu ... Ist ein Stein gleich dem Ertz oder Kupfer / gibt Feuer von sich. In mancherley Art und Farbgen / zum Feuer zuschlagen sehr gemein und wol bekand. Sein Natur ist zu erwarmen und zu saubern. Er zertheilt und zeitiget die harte Geschwer. Wehret dem überwachsen des Fleisches und macht ein gut Gesicht.* Der Markasit war im französischen Barock ein beliebter Schmuckstein, sowohl als Fassung für andere Steine als auch im Facettenschliff.

Gesner,
De omni rerum
fossilium genere
(1565)
Verschiedene Pyrite

Pyrites globosus tessellis tioribus exasperatus.

Pyrites globosus in tessellas protuberans, lacunã altera parte impressam habens.

Pyrites globosus alter tessellis itens, in medio vmbilicum habens protuberantem.

Pyrites globosus minutis tessellis constans, in quo lacuna insculpta.

Pyrites globosus pusillus, hinc inde punctis prominulis micans.

Pyrites paruus rotundus angulosus.

Rosenquarz

Die rosige Farbe des Rosenquarzes scheint wie geschaffen für Menschen, die die Welt rosarot sehen. Der Rosenquarz ist daher der Stein der Liebenden.

Rosenquarz ist eine rosafarbene Variation des Bergkristalls, also, wie der Name schon sagt, ein Quarz, er kommt jedoch meist nicht in klaren Kristallen vor und ist nur selten durchsichtig. Seine Farbe verdankt er geringen Mengen von Mangan oder Titan. Die Färbung ist jedoch nicht hitzebeständig. In Deutschland kann man Rosenquarze noch im Bayerischen Wald finden, große und teils auch klare Stücke liefern heute die Fundstellen in Brasilien und im Norden der USA.

In der Antike hatte der Rosenquarz wahrscheinlich noch keinen eigenen Namen: Man bezeichnete ihn als rosafarbenen Amethyst. Plinius beschreibt fünf Arten von Amethyst, von denen die letzte dem Bergkristall ähnele und einen *weißlichen Mangel an Purpur* zeige. Dies wird unser heutiger Rosenquarz sein, den schon Plinius mit der Liebesgöttin in Verbindung bringt, wenn er ihn *das Augenlid der Venus* nennt.

Traditionell ist der Rosenquarz der Stein der Liebenden und des Herzens. Das heißt, er macht das Herz froh, öffnet es und stärkt es. Besondere Kräfte werden einem Rosenquarz zugeschrieben, in dem Kristallnadeln des Minerals Rutil einen Stern bilden: Mit einem solchen Stein soll man das Herz jeder Frau öffnen können.

Buc'hoz, Centurie des planches (1777–1781) Verschiedene Farbvarianten des Bergkristalls

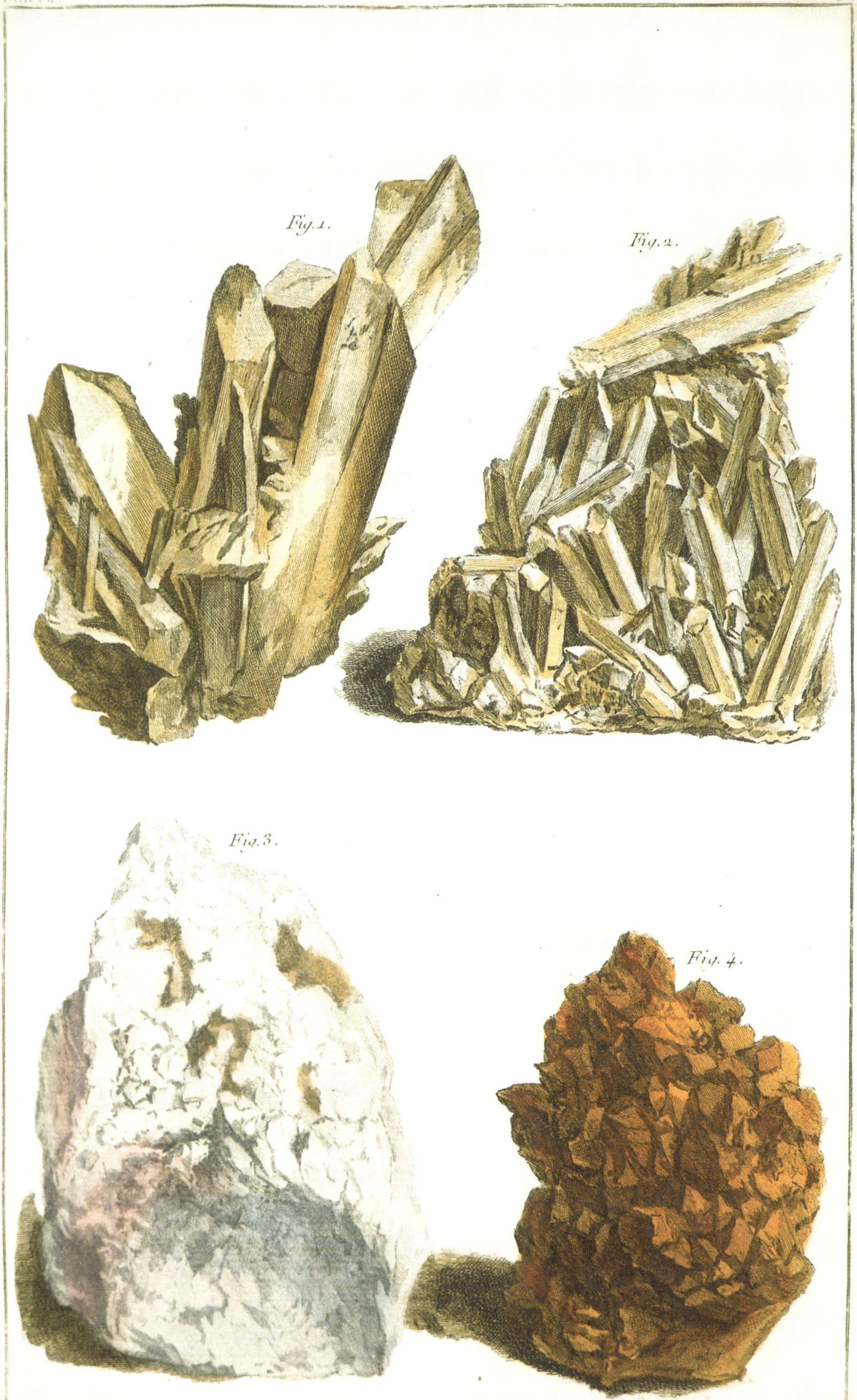

Rubin

Die Spuren des Rubins in der Geschichte überkreuzen sich immer wieder mit denen des Granat, denn beide werden als »Karfunkelstein« bezeichnet. Die rote Glut dieser Steine erinnerte die Menschen an glühende Kohlen, daher ihr griechischer Name »anthrax« (Kohle). Dieser rote Schein im Dunkeln steht in der christlichen Tradition für das Licht des Wortes Gottes, des Wissens oder des Mitleids in der dunklen Welt.

Der Rubin ist die rote Variante des Korunds, von dem der Saphir die blaue Variante bildet. Das heißt, die chemische Formel und die Eigenschaften beider Steine wie Härte, Kristallform und Dichte sind völlig gleich, sie unterscheiden sich nur in der Farbe. Die rote Farbe des Rubins entsteht durch Chromoxid. Es gibt übrigens auch eine weiße Form des Korunds, den Leukokorund. Man kann vermuten, daß er in der Vergangenheit meist mit dem Diamanten verwechselt wurde. Rubine sind ebenso selten wie Saphire.

Rubine oder Karfunkelsteine schmücken fast alle Kronen europäischer Herrscher, von der deutschen Reichskrone und der sogenannten »Eisernen Krone« über die burgundische Krone bis zur ungarischen Stephanskrone. An der deutschen Reichskrone tritt das Rot gegenüber den anderen Farben stark zurück. Besonders von Legenden umwoben ist der »Rubin des schwarzen Prinzen«, der bis heute die britische »Imperial State Crown« ziert: Im 14. Jahrhundert soll er Abu Said gehört haben, dem maurischen Prinzen von Granada. Von ihm erbeutete ihn Don Pedro der Grausame, der in der Folgezeit Hilfe bei seinem Cousin suchen mußte, nämlich bei Edward, Prince of Wales, Sohn des englischen Königs Edward III. Edward war ein bekannter Ritter, den man später den »schwarzen Prinzen« nannte. Der »Rubin des schwarzen Prinzen« ist etwa fünf Zentimeter lang und prächtig anzusehen – doch er ist kein Rubin, sondern ein roter Spinell, ein Stein, der in Härte und Glanz kaum hinter dem Rubin zurücksteht. Der »schwarze Prinz« ist an dieser Verwechslung unschuldig, denn der Name Spinell kam erst im 16. Jahrhundert auf. Zu seiner Zeit nannte man diese Unterart des Karfunkelsteins Balas-Rubin. In Deutschland trägt das preußische Königszepter einen besonders großen Rubin, ein Geschenk Zar Peters des Großen im Jahr 1697. Das kostbare Rubinglas erhält seine rote Farbe übrigens nicht vom Rubin, sondern wird mit Gold gefärbt.

Ausführliche Nachricht von den Engländischen Krönungen Eduardskrone

Saphir

Der Saphir symbolisiert mit seiner blauen Farbe den Himmel. Erst seit dem späten Mittelalter versteht man unter einem Saphir den durchsichtigen Stein, den wir heute so nennen. Vorher wurde der Lapislazuli Saphir oder »sappheiros« genannt, was man leicht daran erkennt, daß der beschriebene Stein zwar blau, aber nicht durchsichtig ist und kleine Goldpünktchen enthält.

Der Saphir ist wie der Rubin eine Variante des Korunds, also des zweithärtesten Minerals nach dem Diamanten (Härtegrad 9). Auch seine Dichte ist ähnlich hoch (3,9–4,1), und er funkelt dementsprechend schön. Seine chemische Zusammensetzung klingt auf deutsch recht unspektakulär, denn es handelt sich einfach um reine Tonerde, eine Verbindung von Aluminium und Sauerstoff (Al_2O_3). Doch ist diese Verbindung rar, und man findet nur selten scharfkantige Kristalle, meist sind die gefundenen Steine abgerundet. In seinem Inneren enthält der Saphir oft Einschlüsse kleiner Kristallnadeln des Minerals Rutil, die strahlenförmig gewachsen sind. Wenn er entsprechend geschliffen wird, leuchten diese Kristalle gegen das Licht wie kleine Sterne im Stein, eine Erscheinung, die man Asterismus (vom griechischen Wort »aster« für Stern) nennt.

Auch wenn mit dem Namen Saphir im Altertum ein anderer Stein bezeichnet wurde, war der heutige Saphir wahrscheinlich dennoch schon bekannt. Es könnte sein, daß er Hyazinth genannt wurde, denn unter diesem Namen wurden damals blaue, durchsichtige und sehr harte Steine beschrieben, die nicht dem modernen Hyazinth entsprechen.

Schon ehe sie ihren heutigen Namen erhielten, zierten Saphire die Insignien der mittelalterlichen Herrscher: Die deutsche Reichskrone ist mit ihnen geschmückt. Ebenso befand sich ein großer Saphir auf der »main de justice«, dem Zepter der französischen Könige. Der Doge von Venedig feierte einmal im Jahr eine symbolische Hochzeit seiner Stadt mit dem Meer. Dabei warf er einen Ring ins Meer, der mit einem Saphir geschmückt war.

Erst Albertus Magnus beschreibt den Saphir als einen durchsichtigen blauen Stein, und dies fällt zusammen mit der Entdeckung von Saphiren in der französischen Auvergne im 13. Jahrhundert. Albertus sagt, daß der Saphir Schmerzen in der Stirn und der Zunge heilt und Schmutz aus den Augen entfernen kann. Mehr noch aber wirke der Saphir auf die Seele: Er kühle innere Hitze, mache den Menschen keusch, friedlich und fromm und erhalte die Seele im Glauben. Im Himmlischen Jerusalem steht der Stein für den Apostel Paulus.

Kenngott, Naturgeschichte des Mineralreichs (1888) Saphir

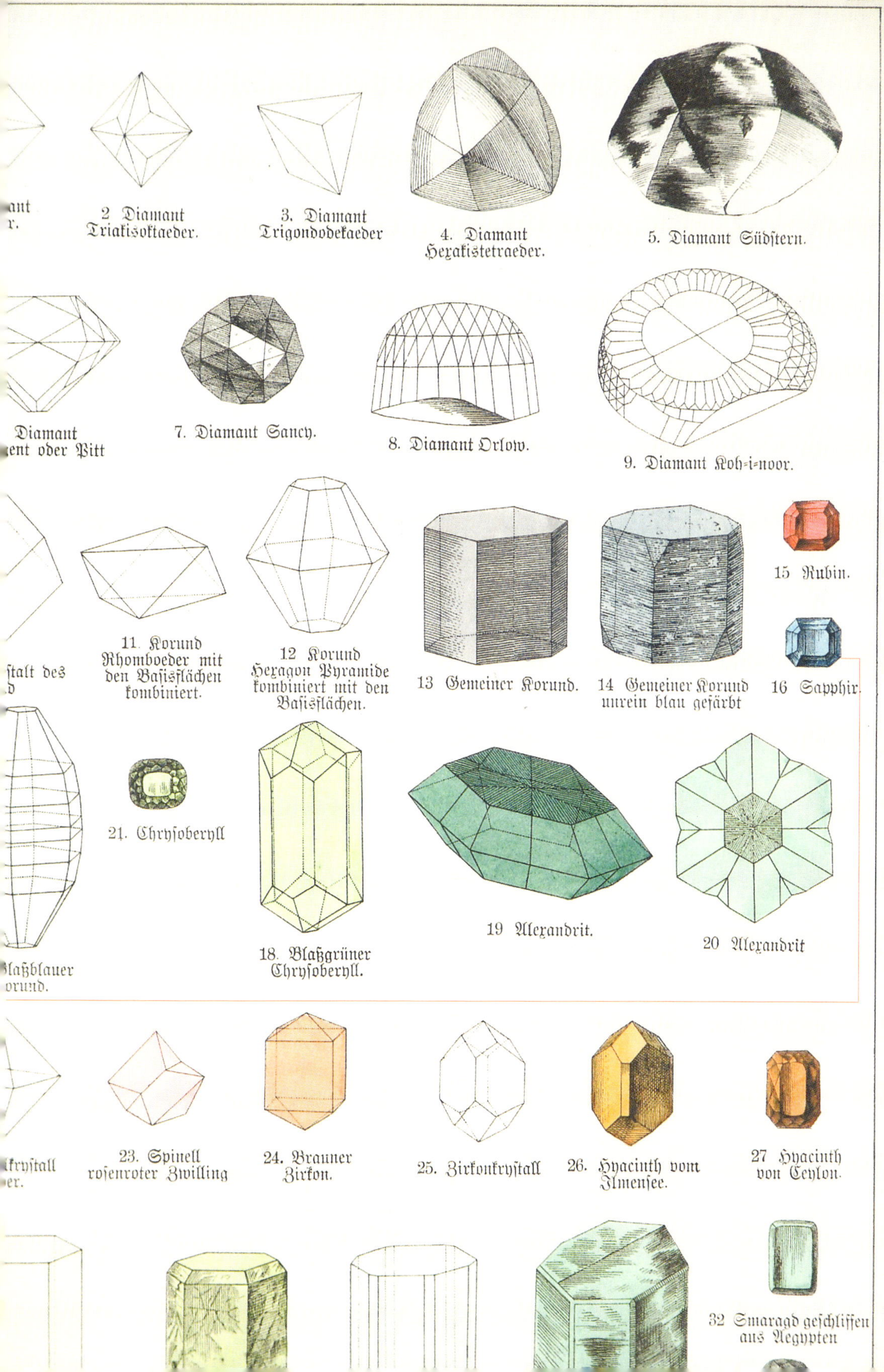

III.

2. Diamant Triakisoktaeder.

3. Diamant Trigondodekaeder.

4. Diamant Hexakistetraeder.

5. Diamant Südstern.

Diamant ent oder Pitt

7. Diamant Sancy.

8. Diamant Orlow.

9. Diamant Koh-i-noor.

11. Korund Rhomboeder mit den Basisflächen kombiniert.

12. Korund Hexagon Pyramide kombiniert mit den Basisflächen.

13. Gemeiner Korund.

14. Gemeiner Korund unrein blau gefärbt

15. Rubin.

16. Sapphir.

laßblauer orund.

21. Chrysoberyll

18. Blaßgrüner Chrysoberyll.

19. Alexandrit.

20. Alexandrit

krystall er.

 23. Spinell rosenroter Zwilling

 24. Brauner Zirkon.

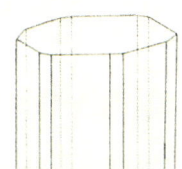 25. Zirkonkrystall

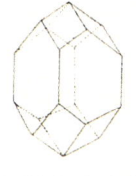 26. Hyacinth vom Ilmensee.

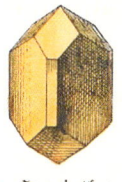 27. Hyacinth von Ceylon.

 32 Smaragd geschliffen aus Aegypten

Sarder

Der leuchtend rot-orange oder bräunliche Sarder ist seit der Antike als Siegelstein begehrt, in der hellenistischen Zeit war er der am meisten zum Siegeln benutzte Stein. Der Name umfaßte zu Theophrasts und Plinius' Zeiten auch noch den Stein, den wir heute Karneol nennen.

Zu den zahlreichen Unterarten des Chalzedons gehört der Sarder, bei dem die Abgrenzung zum Karneol nicht immer ganz klar ist. Er hat seinen Namen entweder vom persischen Wort für »rot«, sard, oder von der altgriechischen Stadt Sardes, 100 Kilometer von Izmir entfernt in der heutigen Türkei. Von dort kommen immer noch die schönsten Steine dieser Art, die ihre Farbe dem eingelagerten Limonit verdanken.

Der Bischof Epiphanius von Zypern beschreibt im 4. Jahrhundert eine kuriose Anwendung des Sarders: Zerrieben und im Frühjahr mit Salbe auf die Haut aufgetragen, soll er als Schlankheitsmittel wirken.

Bei Marbod scheint der Sarder geradezu als Gegenmittel gegen die negativen Wirkungen des Onyx geschaffen zu sein: Als Kette oder Ring, so schreibt er, hilft der Sarder gegen bedrohliche Erscheinungen im Schlaf, gegen Hexerei und bösen Zauber. Auf symbolischer Ebene ist der Sarder ein Teil der Mauern des Himmlichen Jerusalems und steht dort für die Märtyrer, die ihr Blut für ihren Glauben vergossen haben, und für den Apostel Philippus.

Bei Hildegard von Bingen heilt der Sarder Kopfschmerzen, Schwerhörigkeit und Gelbsucht, indem man ihn auf die betroffenen Körperteile legt und ein Gebet spricht. Auf ähnliche Weise hilft er Frauen zu einer leichteren Geburt.

Adam Lonitzer schreibt über den Sarder:

Sardius ist ein tunckelrother Stein. Er vertreibt die Forcht / macht geherzt / behütet den Meschen vor Gifft und anderen bösen Dingen. Stillet das Nasenbluten / erfreuet das Gemüth / macht scharfsinnig. Und ist auch gut zun Nagelgeschweren.

Baier, Gemmarum Thesaurus (1720) Eine Gemme aus Sarder zeigt das Urteil des Paris.

TAB. XVII.

PARIDIS IVDICIVM, carminibus Poetarum toties decantatum, fabulisque tritum, in quo licet intueri TRES DEAS illas, quæ de *pomo Eridis aureo*, formæ præstantia obtinendo, inter se certarunt. Spectantur autem *nudæ*, quemadmodum inuerecundus iste & agrestis arbiter præceperat. Ipse residet sub arbore, pedo nixus, *Deæ* adstant, & IVNO quidem, *pauone* suo comitata, eo gestu, quasi spretæ iniuriam formæ vlcisci se velle extensa manu minitaretur. VENVS contra blandiens accipit a iudice POMVM, congratulante matri CVPIDINE. Ast MINERVA, paulisper regressa, vestem recipit, tanquam admonita verbis *Paridis*, a *Luciano in Dial. de iudic. Dearum*, consignatis: *indue te iam Minerua, galeamque impone, satis enim te inspexi*. Opportune vero *Dea* tam rusticano & iniquo iudici tergum obvertit, natesque merenti ostendit. Alium eiusdem iudicii conspectum exhibet gemma varia in *Thes. Brandenb.* part. I. pag. 43.

L   TAB. XVIII.

Sardonyx

Schon in seinem Namen zeigt der Sardonyx, daß er aus mehreren Komponenten zusammengesetzt ist: Er ist ein Onyx mit einem Sarder. Daher hat er die schwarzen und weißen Streifen des Onyx und noch rote Streifen dazu. Er war einer der begehrtesten Siegel- und Gemmensteine der Antike. Wegen der großen Nachfrage wurde er auch durch Färben oder Aufkleben einer zusätzlichen Lage gefälscht, wie Plinius berichtet.

Der Sardonyx gehört zu den zahlreichen Varianten des Chalzedons, bei dem sich die verschiedenen Farbvarianten dieses Steins beieinander finden. Wie der Achat und der Jaspis weist er Streifen oder Lagen auf, und zwar in Weiß und Rotbraun bis Orange.

Im Himmlischen Jerusalem symbolisiert er den Apostel Jakob und darüber hinaus die Menschen, denen Christi Leiden zu Herzen geht: Rot steht für das Leiden und das mitleidige Herz, Schwarz für die Sünde, denn diese Menschen sehen sich selbst bescheiden als Sünder, doch in ihrer Seele sind sie weiß, das heißt ohne Heuchelei. Marbod empfiehlt den Stein für demütige und bescheidene Menschen mit reinem Herzen. Medizinische Qualitäten des Steins kennt er nicht. Doch der Byzantiner Michael Psellus schreibt etwa um die gleiche Zeit, daß der Sardonyx tränende Augen heilt, Frühgeburten verhindert und die Melancholie vertreibt.

Hildegard von Bingen meint, daß der Sardonyx durch Berührung alle Sinne des Menschen stärkt, gegen Jähzorn und fleischliche Begierden, aber auch gegen Dummheit und Nachlässigkeit hilft und den Teufel vertreibt. Ein Ring aus Sardonyx schütze vor Rückfällen in eine schon überstandene Krankheit.

Hortus Sanitatis (1517)
Goldschmied mit verschiedenen Ringen

Inuictum lapis hic reddit quecunque gerente
Extinguitque sitim patientis ore receptus.
Nã milocrotonias pugiles hic preside vicit
Hoc etiam multi superarunt prelia reges.
Hic oratorem verbis facit esse disertum.
Constantem reddes cunctisque per oĩa gratũ
Hic circa veneris facit incentiua vigentes.
Commodus vxori q̃ vult fore grata marito.
Ut bona tot prestet clausus portetur in ore:

Caput. vij.

Metistus. Isido. Ametistus indic9
inter purpureas gemas tenet pncipatũ. Est aũt color eius purpureus p

Smaragd

Der Smaragd ist eine besonders schöne und seltene Unterart des Berylls in leuchtendem Grün. Seine Farbe gilt seit jeher als erfrischend für die Augen, später als Symbol des siegreichen Glaubens. Im Himmlischen Jerusalem symbolisiert er den Apostel Johannes.

Während im Altertum und im Mittelalter viele Steine von besonders leuchtendem Grün Smaragde genannt wurden, beschränkt sich dieser Name heute auf eine spezielle Unterart des Berylls, die ihr Grün Spuren von Chrom verdankt. Er ist weitaus seltener als der Beryll und wird im Gegensatz zu diesem vor allem in Schiefergesteinen oder in Kalksteinen gefunden, wo er nur kleinere Kristalle bildet. In der Antike wurden Smaragde über die Seidenstraße aus Pakistan eingeführt, wie die chemische Analyse eines Ringes aus dem römischen Gallien vor kurzem erwies. Im Mittelalter kamen sie aus Österreich (Habachtal). Seit der Entdeckung Amerikas stammen die wertvollsten Smaragde aus Kolumbien.

Um den Smaragd ranken sich seit jeher viele Geschichten: Besonders abenteuerlich ist die Sage, die der Mönch Beda Venerabilis im 8. Jahrhundert über die Herkunft des Steins erzählt: Die schönsten Smaragde, sagt er, kommen aus Skythien, damit meint er wahrscheinlich die Abbaustätten im heutigen Ural. Dort jedoch würden sie vom einäugigen Volk der Arimaspier aus den Nestern von Greifen geraubt, den legendären Mischwesen zwischen Löwen und Adlern. Natürlich soll der Stein zahlreiche Wunderkräfte haben. Wie Marbod sagt, heilt er die Fallsucht und besänftigt Gewitter, aber auch ein aufbrausendes Temperament beim Menschen. Außerdem verleiht er Wohlstand und Redegewandtheit. Besonders sollen ihn Menschen tragen, die verborgene Dinge erforschen und die Zukunft vorhersagen wollen. Albertus Magnus empfiehlt den Stein, um geistige Kräfte zu vermehren, das Gedächtnis zu stärken und vor Gericht die richtigen Worte zu finden. Hildegard von Bingen setzt den Smaragd an die erste Stelle ihres Edelsteinbuchs, weil er am meisten der von ihr so geschätzten »viriditas« oder »Grünkraft« enthält. Mit dieser Kraft heilt der Stein bei ihr Herz- und Magenkrankheiten, Fallsucht, Kopfschmerzen und Wurmkrankheiten. Ein Smaragd soll im »Ring des Polykrates« eingefaßt gewesen sein, den Schiller in seiner gleichnamigen Ballade verewigt hat, und ein besonders großer Smaragd saß in der Krone Ludwigs IX. (1214–1270) von Frankreich. E. T. A. Hoffmann stattet in seinem Stück *Der goldene Topf* eine Figur mit einem Smaragdring aus, in dem man wie in einem Zauberspiegel Verborgenes erkennen kann.

Buc'hoz,
Centurie des planches
(1777–1781)
Eisenstück mit Smaragdprismen

Pl. IX.

Fig. 1.

Fig. 2.

Fig. 3.

Fig. 4.

Fig. 5.

Fig. 6.

Fig. 7.

Topas

Der Topas ist schon seit dem Altertum bekannt, er galt als selten und kostbar. Besonders in warmen Gelbtönen wurde er geschätzt, er kommt aber auch klar, bräunlich, grünlich oder blau vor.

Der Topas ist ein Silikat, er besteht aus einer Verbindung von Tonerde, Kieselsäure und Fluor ($Al_2[F_2|SiO_4]$). Mit einem Härtegrad von 8 gehört er zu den härteren Mineralien. Er bildet sich vor allem in der Umgebung von Granit. Besonders große Topase findet man in Norwegen. Ihre gelbliche Färbung entsteht durch Spuren von Phosphor, die blaue durch Eisen.

Wenn der antike Autor Plinius vom Topas redet und einen grünlichen Stein beschreibt, der sich besonders leicht bearbeiten läßt, kann es sich nicht um den außerordentlich harten Kristall handeln, den wir heute Topas nennen. Der Name muß später auf unseren Stein übertragen worden sein. Wahrscheinlich meint Plinius den heutigen Chrysolith. Bei Marbod ist der Stein mit dem Namen Topas immerhin schon goldgelb wie die heutigen Topase, auch er spricht jedoch von einem Stein, der sich feilen läßt. Noch vor Marbods Zeit schenkte der angelsächsische König Aethelred der Abtei St. Albans nördlich von London einen großen Topas, der den Frauen des Ortes bei gefährlichen Geburten beistehen sollte.

Hildegard empfiehlt den Stein unter anderem als Anzeiger gegen vergiftete Speisen und Getränke. Außerdem soll man bei Augenkrankheiten die Augen mit einem Topas bestreichen, der mit Wein befeuchtet wurde. Die Meinungen, welche Krankheiten durch den Topas geheilt werden können, gehen jedoch auseinander: Marbod und Albertus Magnus empfehlen ihn nur gegen Hämorrhoiden, Adam Lonitzer sagt, *der Stein, auf eine Wunden gelegt / stillet derselbigen Verblutung alsobald.* Nach einem Volksglauben soll die Macht des Topases mit den Mondphasen zu- und abnehmen.

Sowohl das mittelalterliche Giselakreuz als auch das Reichskreuz waren mit Topasen verziert. Die portugiesische Königsfamilie der Braganza schmückte im 17. Jahrhundert ihre Krone mit zahlreichen Topasen; selbst der sogenannte Braganza-Diamant ist eigentlich ein Topas. Um dieselbe Zeit schildert ein Reisebericht aus Persien, daß der Sultan Soliman III. seinen Turban mit Topasen schmückte.

Beschreibung der Krönung Solimanni Das Titelblatt zeigt die mit Topasen verzierte Krone des persischen Herrschers.

Beschreibung Der Krönung SOLIMANNI

Des dritten dieses Nahmens

Königs in Persien

Und

Des jenigen / was sich in den ersten Jahren seiner Regirung am denck-würdigsten zu getragen.

Anfangs Frantzösisch beschrieben anjetzo aber in die Hoch-Teutsche Sprache versetzet.

Genff /

Bey Johann Hermann Widerhold

1681.

Türkis

Der Türkis in der leuchtenden Farbe, der er seinen Namen gegeben hat, ist uns heute vor allem aus dem Indianerschmuck der Navajos vertraut. Er wird jedoch auch in Europa seit Jahrhunderten als Amulett, besonders gegen Schwindel, getragen, und man sagt, daß der Türkis seinem Besitzer besonders nahesteht: Bei Krankheit soll er blasser werden, beim Tod des Besitzers sogar einen Riß bekommen.

Der Türkis ist ein Phosphat mit einer recht komplizierten chemischen Formel. Er ist weder besonders hart (5–6) noch schwer (etwa 2,7) und entsteht aus anderen Mineralien durch Hitze und Druck. Seine Kristalle sind mikroskopisch klein, mit dem bloßen Auge sind sie nicht zu erkennen. Dementsprechend ist der Stein nicht durchsichtig, sondern nur durchscheinend. Seine Farben reichen von Himmelblau über Blaugrün bis Apfelgrün. Gefunden wird der Türkis im Iran, in Ägypten und in den USA, aber auch in Deutschland und Polen.

Plinius, der mit dem Wort »Callaina« wohl unseren Türkis meint, erzählt eine fabelhafte Geschichte über dessen Herkunft: Die Kristalle wüchsen im hinteren Indien auf unwegsamen und vereisten Felsen, und zwar nur lose befestigt an der Oberfläche. Die Reitervölker, die dort wohnten, machten sich nicht die Mühe, die Felsen zu erklettern, sondern schössen die Steine mit Steinschleudern vom Felsen. Ganz sicher scheint sich Plinius seiner Geschichte aber nicht zu sein, und so fügt er noch eine weitere hinzu: Manche Leute sagen, die Türkise würden in Arabien in Nestern von Vögeln namens Melankoryphos gefunden.

Kenngott,
Naturgeschichte des
Mineralreichs
(1888)
Türkis

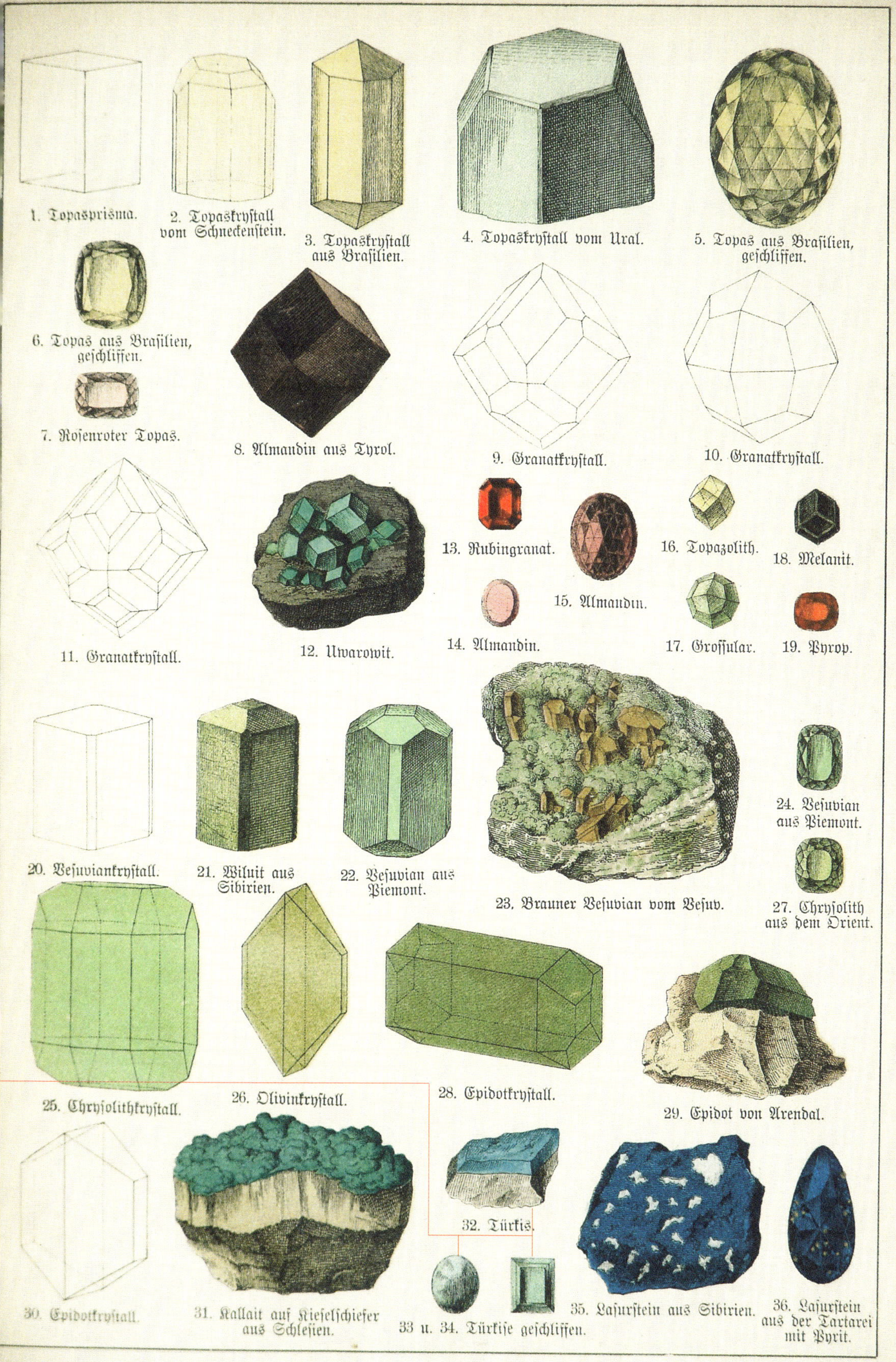

IV.

1. Topasprisma.
2. Topaskrystall vom Schneckenstein.
3. Topaskrystall aus Brasilien.
4. Topaskrystall vom Ural.
5. Topas aus Brasilien, geschliffen.
6. Topas aus Brasilien, geschliffen.
7. Rosenroter Topas.
8. Almandin aus Tyrol.
9. Granatkrystall.
10. Granatkrystall.
11. Granatkrystall.
12. Uwarowit.
13. Rubingranat.
14. Almandin.
15. Almandin.
16. Topazolith.
17. Grossular.
18. Melanit.
19. Pyrop.
20. Vesuviankrystall.
21. Wiluit aus Sibirien.
22. Vesuvian aus Piemont.
23. Brauner Vesuvian vom Vesuv.
24. Vesuvian aus Piemont.
25. Chrysolithkrystall.
26. Olivinkrystall.
27. Chrysolith aus dem Orient.
28. Epidotkrystall.
29. Epidot von Arendal.

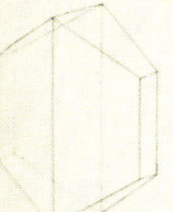
30. Epidotkrystall.

31. Kallait auf Kieselschiefer aus Schlesien.

32. Türkis.

33 u. 34. Türkise geschliffen.

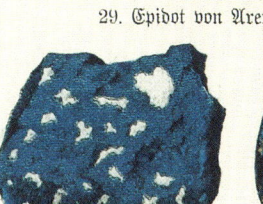
35. Lasurstein aus Sibirien.
36. Lasurstein aus der Tartarei mit Pyrit.

Literatur

ALBERTUS MAGNUS: Ausgewählte Texte, Lateinisch – Deutsch; herausgegeben und übersetzt von Albert FRIES, Darmstadt 1981.

BERK, Irene: Steine in Potenzen: Konstruktive Rezeption der Mineralogie bei Novalis, Tübingen 1999.

DUD'A, Rudolf und REJL, Luboš: Mineralien, Handbuch und Führer für den Sammler, Augsburg 1997.

FÉLIBIEN, Michel: Histoire de l'Abbaye Royale de Saint-Denys en France, Paris 1706.

FRIESS, Gerda: Edelsteine im Mittelalter; Wandel und Kontinuität in ihrer Bedeutung durch zwölf Jahrhunderte, Hildesheim 1980.

GORI, Antonio Francesco: Museum Florentinum, Gemmae antiquae ex thesauro medicео et privatorum dactyliothecis Florentiae exhibentes tabulis cum imagines virorum illustrium deorum, o.O. 1732.

HILDEGARD VON BINGEN: Heilkraft der Natur – »Physica«, Rezepte und Ratschläge für ein gesundes Leben; übersetzt von Marie-Luise PORTMANN, 2. Auflage Freiburg 1995.

KOBELL, Franz von: Geschichte der Mineralogie 1650–1860, München 1864.

LENZ, Harald Othmar: Mineralogie der alten Griechen und Römer; deutsch in Auszügen aus deren Schriften, Gotha 1861, Neudruck Wiesbaden 1966.

LEONHARD, Karl Caesar von u. a.: Propädeutik der Mineralogie, Frankfurt a. M. 1817.

LINNÉ, Carl von (Hg.): Museum Tessinianum, Herrn Graf Carl Gustav Tessins Naturalien-Sammlung, Stockholm 1753.

LONITZER, Adam: Kreuterbuch; erweiterte Ausgabe Ulm 1679, Nachdruck München 1962.

MARBODE OF RENNES' (1035–1123): De Lapidibus considered as a medical treatise with text, commentary and C. W. KING's translation; together with text and translation of Marbode's minor works on stones by John M. RIDDLE, Sudhoffs Archiv, Beiheft 20, Wiesbaden 1977.

MELGAREJO, Juan Carlos: Die faszinierende Welt der Mineralogie, Niedernhausen 1991.

MIELEITNER, Karl: Geschichte der Mineralogie im Altertum und Mittelalter, in: Fortschritte der Mineralogie 7 (1922), S. 427–480.

NICKEL, Erich: Grundwissen in Mineralogie, Teil 1: Grundkursus, 3., revidierte Auflage, Thun 1980.

NICOLS, Thomas: Edelgestein-Büchlein oder Beschreibung der Edelgesteine, deutsch von Johann LANGEN, Hamburg 1675.

PELLANT, Chris: Kosmos-Atlas Gesteine, Mineralien und Fossilien, Stuttgart 1991.

PLINIUS, Caius Secundus der Ältere: Naturkunde; herausgegeben und übersetzt von Roderich KÖNIG, Düsseldorf/Zürich 1994.

RÖSLER, Hans Jürgen: Lehrbuch der Mineralogie, 5. Auflage Leipzig 1991.

THEOPHRASTUS: On Stones; Introduction, greek text, english translation, and commentary by Earle R. CALEY and John F. C. RICHARDS, Columbus, Ohio 1956.

THEOPHRASTUS: De Lapidibus; edited with introduction, translation and commentary by D. E. EICHHOLZ, Oxford 1965.

WILK, Harry: Schönheit und Zauber der Mineralien, Stuttgart 1981.

Bibliographische Angaben zu den Tafel-Abbildungen

Ausführliche Nachricht von den Engländischen Krönungen, Hamburg 1714.

Baier, Johann Jacob: Gemmarum affabre sculptarum thesaurus, Nürnberg 1720.

Bauhin, Johannes: De lapidibus metallicisque miro naturae arteficio in ipsis terrae visceribus figuratis, Montbelliard 1600.

Buc'hoz, Pierre de: Centurie des Planches, enluminées et non enluminées, représentant au naturel, ce qui se trouve de plus interessant ... parmi les animaux, les végétaux et les minéraux, Amsterdam 1777–1781.

Chardin, Jean: Beschreibung der Krönung Solimanni des dritten dieses Nahmens, Königs in Persien, Genf 1681.

Gesner, Konrad: De Omni Rerum Fossilium Genere, Gemmis, Lapidibus, Metallis, Et Huiusmodi, Libri Aliquot, Tiguri 1565.

Hamilton, Sir William: Campi Phlegraei, Observations on the Volcanos of the two Sicilies, Neapel 1776.

Hortus sanitatis, De Herbis et Plantis, De Animalibus Et Reptilibus, De Avibus et Volatilibus, De Piscibus et Natatilibus, De Lapidibus et in terre venis nascentibus, De Vrinis et earum speciebus, Straßburg 1517.

Kenngott, Adolf: Naturgeschichte des Mineralreichs für Schule und Haus, Erster Teil: Mineralogie, 4. verbesserte Auflage, Esslingen 1888.

Knorr, Georg Wolfgang: Delices physiques choisies, ou choix de tout ce que les trois regnes de la nature renferment de plus digne des recherches d'un amateur curieux, pour en former un cabinet choisi des curiositez naturelles, Nürnberg 1766.

L'Isle, Romé de: Cristallographie ou description des formes propres à tous les corps du règne minéral, dans l'état de combinaison saline, pierreuse ou metallique, Paris 1783.

Lange, Karl Nikolaus: Historia lapidum figuratorum Helvetiae, ejusque viciniae, Venedig 1708.

Louandre, Charles: Les arts somptuaires, histoire du costume et de l'ameublement et des arts et industries qui s'y rattachent, Paris 1858.

Naturgeschichte der drei Reiche, Stuttgart 1901.

Mineralogische Belustigungen, zum Behuf der Chymie und Naturgeschichte des Mineralreichs. Erster Band, Leipzig 1768.

Prisse D'Avennes, Achille Constant Théodore Émile: Histoire de l'Art égyptien d'après les monuments, Paris 1878.

Rymsdyk, John und Andrew van: Museum Britannicum, being an Exhibition of a great variety of antiquities and natural curiosities, belonging to that noble and magnificent cabinet, the British Museum, London 1778.

Valentini, Michael Bernhard: Museum Museorum oder vollständige Schau-Bühne aller Materialien und Specereyen, Frankfurt a. M. 1714.

Bildnachweis

Alle Abbildungen entstammen den Beständen der Württembergischen Landesbibliothek Stuttgart. Wir danken für die freundliche Genehmigung zum Nachdruck.

WIEDERENTDECKUNG DES GESCHMACKS, AUGENWEIDE UND LESEVERGNÜGEN – EIN BUCH FÜR ALLE SINNE.

GRAVENSTEINER, ENGELSBIRNE, JUNGFRAU VON MECHELEN … Die verführerischen Namen altbewährter Obstsorten stehen für die Zeit der Streuobstwiesen und der hausgemachten Quittenbrote. Nicht nur die alten Sorten von Äpfeln und Birnen, sondern auch die Wildobstsorten dieser Zeit wie Holunder, Mispel und Speierling werden heute wiederentdeckt. Anhand der prachtvollen Abbildungen in alten Obstbüchern stellt dieses Buch ausgewählte Obstsorten, ihre Geschichte und ihre Verwendung vor. Alte und neue Rezepte ebenso wie Sagen und Gedichte, Geschichten und Bräuche rund um das Obst machen dieses Buch zu einem Lesevergnügen für Genießer und Naturfreunde.

ERIKA SCHERMAUL
PARADIESAPFEL UND PASTORENBIRNE
BILDER UND GESCHICHTEN VON ALTEN OBSTSORTEN

176 SEITEN / ZAHLREICHE, DURCHGEHEND FARBIGE ABBILDUNGEN
GEBUNDEN MIT SCHUTZUMSCHLAG / 17 X 24 CM
ISBN 3-7995-3511-X

 THORBECKE